U0736355

# 孕妈妈
# 新妈妈

## 知识读本

苗志敏　修海清　刘俊林　付　倩

洪　伟　王耀斌　王一鸣

◎ 编著

中国海洋大学出版社
CHINA OCEAN UNIVERSITY PRESS

·青岛·

**图书在版编目（CIP）数据**

孕妈妈新妈妈知识读本 / 苗志敏等编著. —青岛：中国海
洋大学出版社, 2017.6
ISBN 978-7-5670-1457-2

Ⅰ. ①孕… Ⅱ. ①苗… Ⅲ. ①孕妇—妇幼保健—基本知
识 ②产妇—妇幼保健—基本知识 ③婴幼儿—哺育—基本知
识 Ⅳ. ①R715.3 ②TS976.31

中国版本图书馆CIP数据核字（2017）第131212号

**孕妈妈新妈妈知识读本**

| | |
|---|---|
| 出版发行 | 中国海洋大学出版社 |
| 社　　址 | 青岛市香港东路23号　　邮政编码　266071 |
| 网　　址 | http://www.ouc-press.com |
| 出 版 人 | 杨立敏 |
| 责任编辑 | 孙玉苗　　　　　　　　电话　0532-85901040 |
| 电子信箱 | 94260876@qq.com |
| 印　　制 | 青岛名扬数码印刷有限责任公司 |
| 版　　次 | 2017年6月第1版 |
| 印　　次 | 2017年6月第1次印刷 |
| 成品尺寸 | 160 mm×220 mm |
| 印　　张 | 15 |
| 字　　数 | 206千 |
| 印　　数 | 1～6000 |
| 定　　价 | 39.00元 |
| 订购电话 | 0532-82032573（传真） |

# 前　言

　　新生命的孕育关系到人类种群的存续与人类文明的延续。从备孕到怀孕，到生产，到宝宝降生，是家庭幸福的象征。如何使孕妈妈、新妈妈和小宝宝得到无微不至的呵护，顺利度过这一美妙而辛苦的历程，是每个家庭关心的问题。为此，我们组织编写了《孕妈妈新妈妈知识读本》，力求通过通俗的语言，全面、细致地讲述人类生育、孕期和产后护理、新生儿照护等知识，为孕妈妈、新妈妈和宝爸等相关陪护人员提供专业指导，帮助孕妈妈顺利地度过孕产期，帮助新妈妈更好地照顾自己和宝宝，开创幸福的未来。

　　本书第一部分由刘俊林编写，第二部分由付倩编写，第三部分由王耀斌编写，第四部分由洪伟编写，第五部分由王一鸣编写，全书由苗志敏、修海清统稿。

　　愿此书成为孕妈妈、新妈妈身边得力的"妇产科专家"和"儿科专家"！

　　由于编者水平有限，书中难免有不妥之处，恳请读者批评指正，以便于今后进一步完善。

编委会

2017年6月1日

# 目录

CONTENTS

### 第三部分　新妈妈产后必读知识

# 第一部分

## 人类生育的基本知识

# 生殖系统简介

人体的生殖系统分为男性生殖系统和女性生殖系统。

## 一、男性生殖系统

男性生殖系统包括内生殖器和外生殖器（图1–1）。

- 内生殖器
  - 生殖腺：睾丸
  - 生殖管道
    - 附睾
    - 输精管
    - 射精管
    - 男性尿道
  - 附属腺
    - 精囊
    - 前列腺
    - 尿道球腺
- 外生殖器
  - 阴囊
  - 阴茎

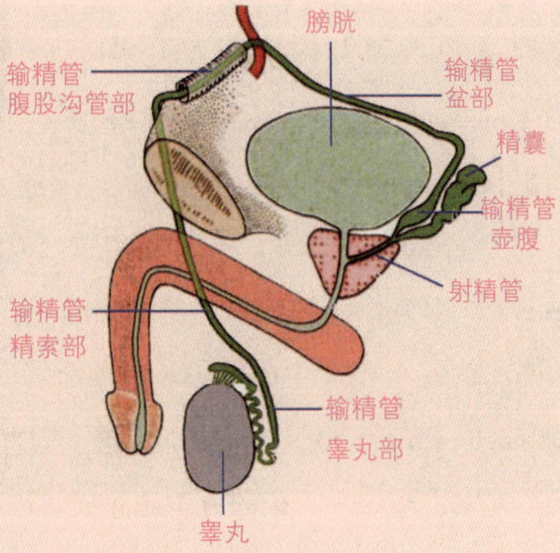


图1–1　男性生殖系统

### （一）睾丸

**1. 睾丸的位置和形态**

睾丸（testis）位于阴囊内，左右各一，呈略扁的椭球形，表面光滑；分上、下两端，前、后两缘和内、外两侧面。睾丸的上端及后缘有附睾附着，后缘有血管、神经和淋巴管出入。睾丸的下端及前缘游离。睾丸的外侧面较隆凸，与阴囊外侧壁相贴；内侧面较平坦，与阴囊隔相贴。

睾丸大小可随年龄而变化。新生儿的睾丸相对较大，睾丸在性成熟以前发育较慢，以后随着性的成熟而迅速发育，老年人的睾丸则随着性功能的衰退而逐渐萎缩。

**2. 睾丸的结构**

睾丸的结构见图1-2。

睾丸表面包有一层厚而坚韧的纤维膜，称白膜（tunica albuginea）。白膜在睾丸后缘增厚并突入睾丸内形成睾丸纵隔（mediastinum testis）。从睾丸纵隔发出许多放射状的睾丸

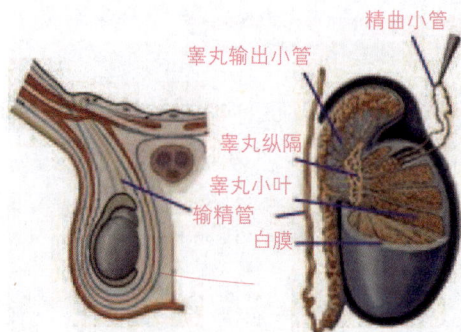

图1-2　睾丸结构模式图

小隔（septula testis），将睾丸实质分成200多个锥体形的睾丸小叶（lobules testis）。睾丸小叶内含有盘曲的精曲小管（contorted seminiferous tubules）。精曲小管的上皮能生成精子。精曲小管向睾丸纵隔处集中并结合成精直小管（straight seminiferous tubules），进入睾丸纵隔内吻合成睾丸网（rete testis）。从睾丸网发出12～15条睾丸输出小管（efferent ductules of testis），经睾丸后缘上部进入附睾头。在睾丸内精曲小管之间有结缔组织，称为睾丸间质。

### （二）生殖管道

**1. 附睾**

附睾（epididymis）纵切面呈新月形，紧贴睾丸的上端和后缘。附睾上

端膨大为附睾头；中部为附睾体；下端较细，为附睾尾。附睾头由睾丸输出小管盘曲而成。睾丸输出小管的末端汇合成一条附睾管。附睾管迂回盘曲，沿睾丸后缘下降，形成附睾体和附睾尾。附睾尾向后上方弯曲，移行为输精管。附睾为暂时储存精子的器官，其分泌物还可以滋养精子，促进精子进一步成熟。附睾是结核病的好发部位。

**2. 输精管**

输精管（ductus deferens）是附睾管的直接延续，长约50厘米。输精管的管壁较厚，管腔细小，活体触摸时呈坚实的细索状。

输精管可分为睾丸部、精索部、腹股沟部和盆部4部分。睾丸部起自附睾尾，沿睾丸的后缘上行至睾丸的上端并移行为精索部。精索部为睾丸上端至腹股沟管浅环之间的一段；此段位于皮下较浅处，易触及，是输精管结扎的常见部位。腹股沟部是输精管位于腹股沟管内的一段。盆部为输精管最长的一段。输精管出腹股沟管深环后，沿盆壁下行，经输尿管末端的前方至膀胱底的后面。在此，两侧输精管逐渐靠近，并扩大形成输精管壶腹。其末端变细，与精囊的排泄管汇合形成射精管。

精索（spermatic cord）为一对柔软的索状结构，自腹股沟管深环经腹股沟管延至睾丸上端。精索由输精管、睾丸动脉、蔓状静脉丛、输精管动脉和静脉、神经、淋巴管以及鞘韧带等外包被膜而构成。

**3. 射精管**

射精管（ejaculatory duct）长约2厘米，斜穿前列腺实质，开口于尿道的前列腺部。

### （三）附属腺

**1. 精囊（seminal vesicle）**

精囊一对，囊状，表面凹凸不平，位于膀胱底的后面，输精管壶腹的外侧。精囊的分泌物呈淡黄色，参与精液的构成。

### 2. 前列腺（prostate）

前列腺形似栗子，是附属腺中最大的一个，属实质性器官。前列腺上端宽大，称前列腺底，与膀胱颈相接，有尿道穿入（图1-3）。前列腺下端尖细称前列腺尖，与尿生殖膈相邻，尿道由此穿出。前列腺底与前列腺尖之间的部分称前列腺体。前列腺体的后面较平坦，正

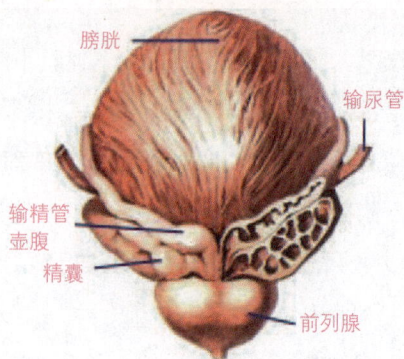

图1-3 膀胱、前列腺及精囊（后面观）

中有一浅的纵沟，称前列腺沟；近前列腺底的后缘有一对射精管穿入前列腺，开口于尿道的前列腺部。

前列腺一般分为5个叶：前叶、中叶、后叶和两个侧叶。前叶很小，位于尿道前方；中叶楔形，位于尿道和射精管之间；后叶位于射精管以下、侧叶的后方；两个侧叶紧贴尿道的侧壁。

前列腺由腺组织、平滑肌和结缔组织构成。前列腺被坚韧的被膜包裹，此被膜称前列腺囊。前列腺的排泄管开口于尿道的前列腺部，其分泌物呈乳白色，参与精液的构成。

孩童的前列腺很小，腺组织不发育。性成熟期腺组织迅速生长。老年腺组织退化萎缩；例如，腺内结缔组织增生，则导致前列腺肥大，可压迫尿道，引起排尿困难甚至尿潴留。直肠指诊可触及前列腺的后面和前列腺沟，以确诊前列腺是否增生。前列腺肥大时，前列腺沟消失。

前列腺实质由30~50个复管泡状腺（前列腺腺泡）组成，共15~30条导管开口于尿道的前列腺部。前列腺腺泡形状不一，腔隙很不规则。前列腺腺泡上皮形态多样，有单层立方上皮、单层柱状上皮或假复层柱状上皮。腺泡内常见凝固体，它由上皮细胞的分泌物浓缩而成，在HE染色时呈嗜碱性。凝固体可随年龄增长而增加，甚至钙化而形成前列腺结石。前列腺间质较多，除

结缔组织外，还富含弹性纤维和平滑肌。

3. 尿道球腺（bulbourethral gland）

尿道球腺为一对如黄豆大小的球形腺体，位于尿生殖膈内。其排泄管细长，开口于尿道球部。尿道球腺的分泌物参与精液的构成。

4. 精液（spermatic fluid）

精液为输精管的分泌物，主要由精囊、前列腺和尿道球腺的分泌物以及精子构成，呈乳白色，弱碱性。成年人一次射精2~5毫升，含精子3亿~5亿个。输精管结扎后，阻断了精子的排出途径，但各附属腺分泌物的排出不受影响，因此射精时仍有无精子的精液排出体外。

### （四）外生殖器

1. 阴囊

阴囊（scrotum）为一皮肤囊袋，位于阴茎的后下方。成人阴囊生有少量阴毛，正中有一纵形的阴囊缝。阴囊壁由皮肤和肉膜组成。皮肤薄而柔软，颜色深。肉膜（dartos coat）是阴囊的浅筋膜，含有平滑肌纤维。平滑肌可随外界温度的变化而收缩，以调节阴囊内的温度，使其低于体温$1℃~2℃$，有利于精子的发育。肉膜在正中线向里发出阴囊中隔，将阴囊腔分为左、右两部分，各容纳一侧的睾丸和附睾。

在肉膜的内侧面有包绕睾丸和精索的被膜，由外向内包括精索外筋膜、提睾肌、精索内筋膜和睾丸鞘膜。① 精索外筋膜：是腹外斜肌腱膜的延续。② 提睾肌：来自腹内斜肌和腹横肌，有上提睾丸的作用。③ 精索内筋膜：来自腹横筋膜。④ 睾丸鞘膜：来源于腹膜，分脏、壁两层。脏层紧贴睾丸和附睾表面，壁层衬于精索内筋膜的内面，两层在睾丸后缘互相移行，共同围成封闭的鞘膜腔，内有少量浆液。腔内液体可在炎症出现后增多，形成睾丸鞘膜腔积液。

2. 阴茎

阴茎（penis）可分为头、体、根3部分（图1-4）。后端为阴茎根，附于

耻骨下支、坐骨支和尿生殖膈。中部
为阴茎体，呈圆柱状，悬于耻骨联合
的前下方。前端膨大为阴茎头，其尖
端有矢状位的尿道外口。在头与体交
界处为阴茎颈。

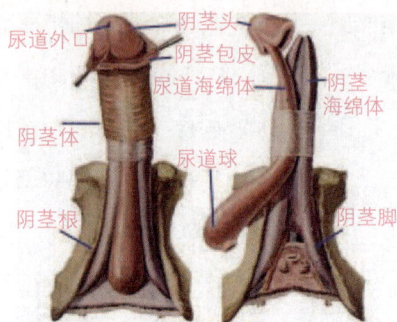

图1-4　阴茎结构

阴茎主要由两条阴茎海绵体和一
条尿道海绵体组成，外面包以筋膜和
皮肤。

阴茎海绵体（cavernous body of penis）左、右各一，位于阴茎的背侧。
左、右阴茎海绵体前端紧密结合，变细后嵌入阴茎头后面的凹陷内。阴茎海
绵体后端分开，形成左、右阴茎脚，分别附于两侧的耻骨下支和坐骨支。

尿道海绵体（cavernous body of urethra）位于阴茎海绵体的腹侧，尿道
贯穿其全长。尿道海绵体中部呈圆柱形，其前、后端均膨大，前端膨大为阴
茎头，后端膨大为尿道球（bulb of urethra）。尿道球位于两阴茎脚之间，附
于尿生殖膈的下面。

每个海绵体的表面均包有一层纤维膜，称海绵体白膜。海绵体由许多
海绵体小梁和腔隙组成。腔隙是与血管相通的窦隙。当腔隙充血时，阴茎即
变粗，变硬而勃起。3个海绵体外面共同包有阴茎深筋膜、阴茎浅筋膜和皮
肤。阴茎浅筋膜疏松而无脂肪组织。阴茎皮肤薄而柔软，富有伸展性。皮肤
在阴茎颈处游离，向前延伸并返折成双层的皮肤皱襞包绕阴茎头，称阴茎包
皮（prepuce of penis）。在阴茎头腹侧中线上，包皮与尿道外口下端相连的
皮肤皱襞，称包皮系带（frenulum of prepuce）。作包皮环切手术时，注意勿
伤及包皮系带，以免影响阴茎的正常勃起。

幼儿的包皮较长，包着整个阴茎头；包皮口也小。随着年龄的增长，由
于阴茎的不断增大而包皮逐渐向后退缩，包皮口逐渐扩大。若包皮盖住尿道
外口，但能够上翻露出尿道外口和阴茎头时，称包皮过长。若包皮口过小，

包皮完全包着阴茎头不能翻开时，称包茎。在上述两种情况下，都易因包皮腔内污垢的刺激而发生炎症，并可成为诱发阴茎癌的一个因素。

### （五）精子的产生及排出过程

在睾丸内，精原细胞经过大约64天的分裂增殖和发育后，形成精子，随后精子进入附睾停留2～3周，并最终发育为具有运动和受精能力的成熟精子，整个过程大约需要90天的时间。附睾与输精管以及前列腺与精囊壁平滑肌强有力的协调收缩，可以将附睾中贮存的精子迅速排出。

## ▶ 二、女性生殖系统

女性生殖系统包括内生殖器和外生殖器（图1-5）。

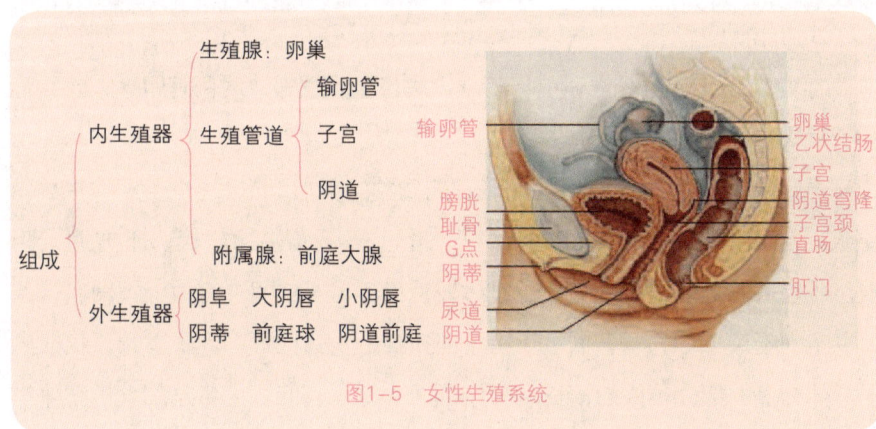

图1-5 女性生殖系统

1.卵巢

卵巢，一对，具有产生卵子和分泌性激素的功能。卵巢呈灰白色，其大小因年龄而不同，一般成年人的卵巢约4厘米×3厘米×1厘米，重4～6克。绝经期后，卵巢逐渐萎缩，变小，变硬。

卵巢分前、后两面，上、下两缘，内、外两端。外侧端靠近输卵管伞，内侧端依靠卵巢固有韧带与子宫角相连。下缘隆突、游离；上缘较直，由卵巢系膜将上缘连于阔韧带后叶，此处称为卵巢门，血管与神经由此进入卵巢。

2. 输卵管

输卵管左、右各一，为细长、弯曲的管子，长8~14厘米。内侧端与子宫角通连，开口于子宫腔。外侧端游离，与腹腔相通。输卵管共分间质部、峡部、壶腹部和漏斗部4个部分。间质部埋于子宫角内，管腔短且狭窄，长约1厘米，直径0.5~1毫米。峡部位于间质部的外侧方，是露出子宫的最细部分，长3~6厘米，直径约2毫米。壶腹部是由峡部向外延伸的膨大部分，壁薄而弯曲，管腔较宽大，长5~8厘米，直径6~8毫米。漏斗部又称伞部，为输卵管末端扩大部分，呈漏斗形，开口于腹腔。漏斗周缘有多个放射状的不规则突起，形成许多须状细伞，其中有一较长的伞沿阔韧带边缘延伸至卵巢，称卵巢伞。

3. 子宫

子宫位于小骨盆腔内，前与膀胱、后与直肠相邻，两侧有卵巢、输卵管和子宫阔韧带，向下连接于阴道。

成年人未孕育的子宫呈前后略扁的倒置的梨形，重40~50克，全长7~8厘米，宽4~5厘米，厚2~3厘米。子宫的上外侧角接输卵管，下方通入阴道。子宫可分体、颈两部分。子宫体较宽大，居于中间。宫体上端输卵管入口以上的隆突部分为子宫底。子宫下部狭窄，呈圆柱形，为子宫颈。颈部与子宫体相接的部分稍狭细，长0.6~1.0厘米，称子宫峡。生育期妇女子宫体与子宫颈的体积比约为2：1。站立时子宫呈前倾，前屈位。子宫内腔呈上宽下窄的扁三角形，称子宫腔。

4. 阴道

阴道介于膀胱、尿道和直肠之间，是内、外生殖器中间的一个通道。站立时，阴道朝向前下方，上端较宽，前壁长7~9厘米，后壁长9~12厘米。在正常情况下，前、后壁紧密相贴，其上端呈顶棚状，环绕子宫颈，称为阴道穹隆，分为前、后、左、右4部。后穹隆较深，性交后排泄的精液多储存在此处，成为女性的"精子库"。后穹隆顶部为子宫直肠窝，是盆腔的最低处，临床上可由阴道后穹隆进行穿刺或切开手术。

# 受孕过程和胎儿发育

精子和卵子结合的过程叫受精或受孕。

男子每次性交排出2亿~4亿个精子（图1-6）。大部分精子随精液从阴道内排出，小部分精子依靠尾部的摆动前进，先后通过子宫颈管、子宫腔，最后到达终点站——输卵管壶腹部，在那里等待和卵子结合。精子从阴道到达输卵管最快仅需数分钟，最迟6小时，一般1~1.5小时。精子在前进过程中，沿途要受到子宫颈黏液的阻挡和子宫腔内白细胞的吞噬，最后到达输卵管的少的有数十个，多的有一二百个。精子要在女性生殖腔内经过一段时间的孵育后，才具有受精能力，这个过程称为精子获能。

女子在育龄期，多数情况下卵巢每月排出一个成熟的卵子（图1-7）。排卵日期在下次月经来潮

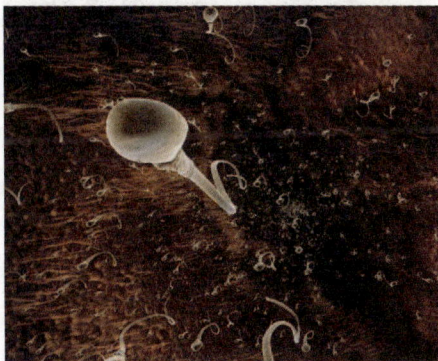

图1-6 精子

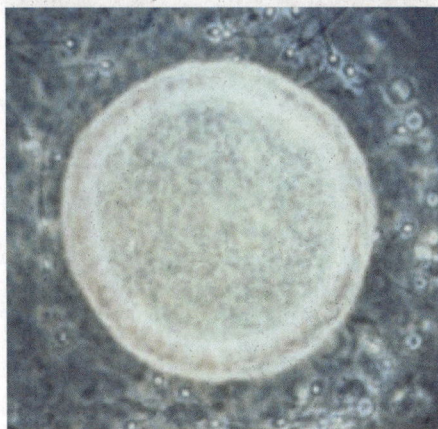

图1-7 卵子

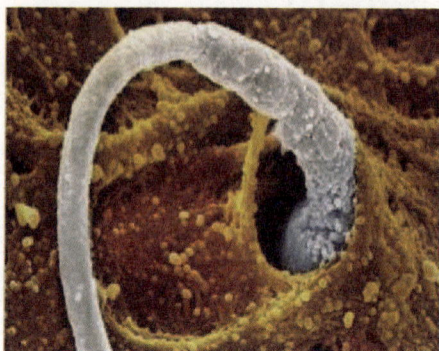

图1-8 受精

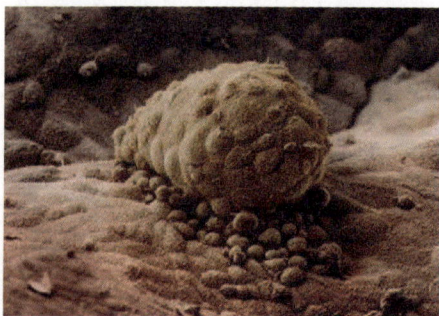

图1-9 受精卵着床

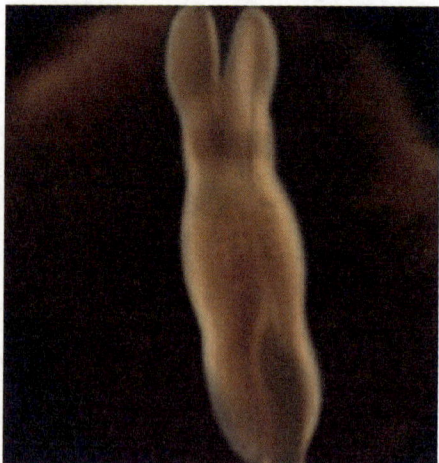

图1-10 胚胎发育第一周

前14天左右。卵子从卵巢排出后立即被输卵管伞部吸到输卵管内，并在输卵管壶腹部等待精子的到来。

精子在输卵管内能生存1～3天，卵子能生存1天左右。如在排卵日前后数天内性交，精子和卵子可能在输卵管壶腹部相遇，这时一群精子包围卵子。获能后的精子其头部分泌顶体酶，以溶解卵子周围的放射冠和透明带，为精子进入卵子开通道路。最终只有一个精子进入卵子（图1-8），形成一个新的细胞，这个细胞称为受精卵或孕卵，这个过程称为受精。

受精卵在输卵管中行进4天到达子宫腔，然后在子宫腔内停留3天左右，等待子宫内膜准备好了，便在那里找个合适的地方埋进去，这就叫做着床（图1-9）。受精卵经过多次分裂，形成一个细胞团。细胞团逐渐长大，同时开始分化，一部分发育成胎儿，另一部分分化成了供给胎儿营养并保护胎儿的附属器官。这是受孕后的第一周（图1-10）。

第四周，小生命生长得非常

迅速，脊椎形成，脑组织、脊髓、眼睛都具有一定的雏形。脊椎的另一头是一个小小的尾巴。此时血管开始形成，心脏尚未形成，但在心脏生成的部位有心跳（图1-11）。

第五周时出现心脏。

第六周出现肢体萌芽，眼睛、耳朵逐步发育，肺、肝也开始出现雏形。人脑重量增加很快，明显快于其他动物（图1-12）。

胚胎发育至第七周时，手、脚分别开始出现手指、脚趾、眼睛清晰可见。胚胎开始伸直并在羊水中活动，整个外观近似幼儿，尾巴消失（图1-13）。

小生命进入第三个月（9～12周）时，开始被称为胎儿。第九周胎儿长到2.5厘米，体重大约2克。胎儿头大于胎体，以后生长加快，至第十二周末胎儿长到6.5厘米，体重大约16克；内脏器官已开始具有功能，能吞咽羊水，变成尿液排泄出来。第九周时，男女胎儿外阴大致相似，至第十二周末，已显示成熟胎儿男女外阴的形态

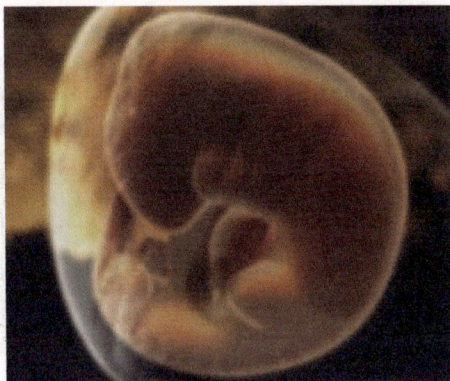

图1-11　胚胎发育第四周

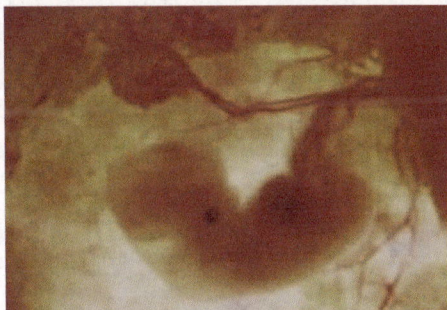

图1-12　胚胎发育第五周

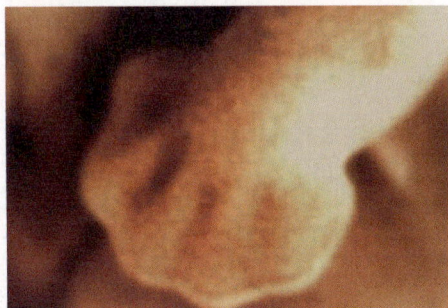

图1-13　胚胎发育第七周

（图1-14）。

第四个月（13~16周），胎儿身长已达16厘米，体重约120克，生长迅速。头与身体的比例不那么悬殊了，腿相对变长，骨骼迅速骨化。在肝、胃、肠的功能作用下，已出现绿色的胎便，等出生后才能排出。皮肤出现胎毛。心率是成人的两倍。

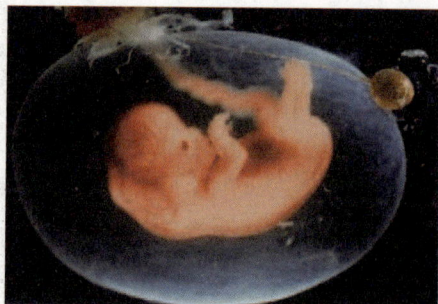

图1-14　胚胎发育第十二周

第五个月（17~20周），孕妇能感觉到腹内胎儿在踢自己，显示着胎儿的存在，这就是胎动。此时还可在腹部听到胎心音，一般为120~160次/分。胎儿已具备听力，能听见声音，可开始进行胎教了。此时胎儿体长约25厘米，重约500克。

第六个月（21~24周），胎儿约30厘米长，660克重，两条胳膊弯曲在胸前，两只膝盖提到腹部。这时胎儿出生往往仅能存活几个小时，因为呼吸系统尚未发育完善。

第七个月（25~28周），胎儿约35厘米长，1 000克重，看起来像个小老头儿。这时胎儿出生虽能有浅表的呼吸和哭泣，但仍很难存活。

第八个月（29~32周），胎儿身长约40厘米，体重约1 700克。胎儿在子宫内活动自由，胎动协调，位置基本固定，一般头部朝下。神经系统进一步发育，肺及其他内脏已基本发育完善。这时出生的早产儿，如在暖箱里精心照料，存活率较高。

第九个月（33~36周末），胎儿约45厘米长，体重在4周内可以增加1 000克，发育基本完成。这时出生的早产儿如果能得到精心的照顾，成活率90%以上。

第十个月（37~40周），胎儿发育完成，约50厘米长，3 000克重。皮肤呈白色，微带粉红色。体表有一层白色的脂肪。胸部发育良好，双乳突出。胎儿会打嗝，会吮自己的拇指。男性睾丸常位于阴囊内。

分娩过程持续几个小时，或时间更长一些。胎儿在此过程中要经受巨大的考验。一个发育完善的胎儿能够耐受缺氧、挤压等考验，顺利分娩。阴道分娩比剖宫产分娩时间长一些，但阴道分娩的孩子适应外界的能力比剖宫产的孩子强。

# 生产过程

对于迎来初次分娩的孕妇来说，从阵痛开始到分娩结束的整个过程就是一个未知的世界。胎儿是怎样通过产道的？在何种状况时需要屏气呢？通过下面的介绍就能了解整个分娩过程了。

## ▶ 一、宝宝旋转着出生

我们总觉得宝宝应该是笔直地通过产道降生的。可实际情况是，宝宝是旋转着出生的（图1-15）。这是因为产道并不是直的，而是窄而弯曲的，形状非常复杂。在分娩过程中胎儿会根据所经地点的不同情况来改变身体的朝向，以便顺利地通过产道。

在胎儿通过产道的每一阶段，是如何旋转的？当时孕妈妈应该怎样配合着来用力？事先了解这些，对顺产会有很大帮助哦！

### 1. 阶段一

临近分娩，肚中的胎儿就会渐渐往下落。胎儿以侧头的姿势，后脑勺先进入骨盆。这个姿势是为了让头最小的部分来配合骨盆狭窄的地方（横长）。

这个时候的孕妈妈子宫口张开1～3厘米。每隔8～10分钟就会有阵痛出

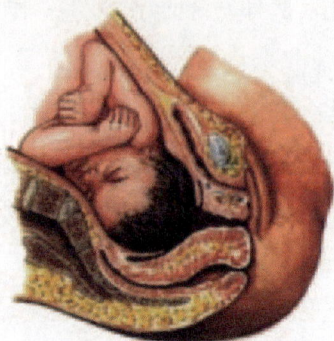

入盆（衔接）

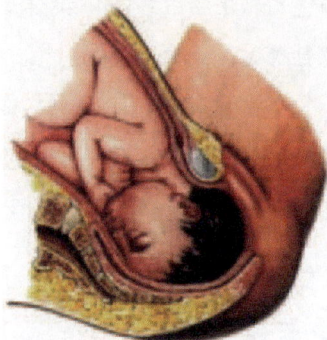

内旋转

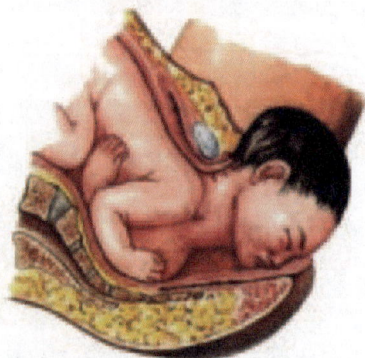

仰伸

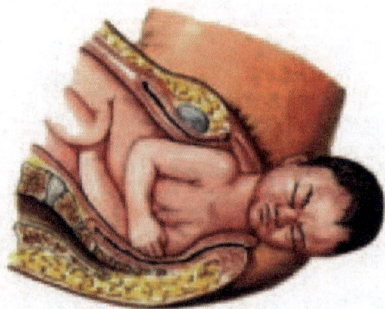

外旋转

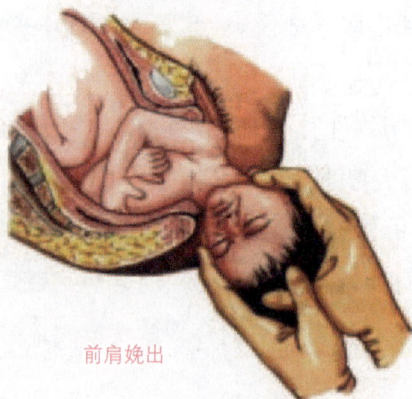

前肩娩出

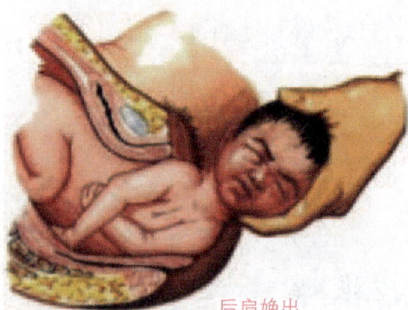

后肩娩出

图1-15　宝宝旋转着通过产道

现，阵痛持续20～30秒。慢慢地，阵痛间隔时间就会缩短。

2. 阶段二

胎儿以侧头的姿势渐渐地进入骨盆。为了适应骨盆的入口大小，胎儿会把下巴缩起来，顶住胸，身体蜷起；然后会利用头前面的胎胞，使自己下降。

这个时候的孕妈妈子宫口开口4～8厘米。每隔5～6分钟就会有阵痛出现，阵痛持续30～40秒。在阵痛间隔期间，孕妈妈还可以步行。

**小贴士：什么是胎胞？**

胎儿的头在接近子宫口处被完全卡住时，和羊膜之间的空隙就会消失，包住羊水的先端部分就会像气球一样鼓起来。这个就会把子宫口挤压开。

3. 阶段三

进入骨盆后，胎儿就会沿着弧形的产道往下行进，身体的朝向慢慢改变，侧着头回旋身体，胎儿的脸渐渐地朝向母体的背部，胎头配合产道的形态，有利于胎头继续下降。

这个时候的孕妈妈子宫口开口7～9厘米。每隔2～3分钟就会有阵痛出现，阵痛大约持续60秒。因为胎儿的头压迫到孕妈妈肛门附近的神经，所以这时孕妈妈会不想用力，不过还是要加油哦！

4. 阶段四

胎儿的脸完全朝向母体的背部，挤压产道，慢慢向下。之后，胎儿的头终于开始从阴道口一点一点地出来了。

这个时候的孕妈妈子宫口快要全开，痛感达到最高峰。想要用力的感觉变得强烈，此时用呼吸法能调整好。子宫口全开后，孕妈妈需根据助产师或医师的指导来用力。

5. 阶段五

胎宝宝为了让头不碰到骨盆出口处的耻骨，颌骨会慢慢抬起。胎儿脸朝着母体的背面进一步下降，在通过耻骨的时候，会以耻骨为支点将头向后一仰，胎头就都出来了。

这个阶段即使孕妈妈不用力或者没有阵痛的力，胎儿也不会再缩进去，而是会自然地出来，所以助产师或医师就会指示停止用力。这时如果用力过度，会阴可能会裂开，所以应换成呼吸法。

6. 阶段六

在胎儿头出来以后，身体回转90°侧身。因为如果胎儿脸还是朝着母体背部的话，肩部就会撞到叫做坐骨棘的尖锐突起物。如果侧身的话，肩膀就可以慢慢伸出来。头和肩完全出来后，全身就很容易出来了。

即使全身出来后，脐带还是和胎盘连着的，所以还需要剪断脐带，并且还要做会阴切开后的缝合等必要的处理，另外还需要静养2小时左右。

▶ 二、回旋异常

在分娩时，胎儿为配合骨盆的形状，会将身体一边回旋一边通过狭窄的产道。当这个回旋不能正常发生时称为回旋异常。

回旋异常有可能造成分娩暂停，也可能变成持续的微弱阵痛，致使分娩过程拖长。在这种情况下，通常使用催产素来增强产妇的阵痛，让分娩能持续进展下去。不过，如果分娩时间过分拖长，胎儿的状态将逐渐恶化，这时应考虑做产钳术、真空吸引分娩、剖宫产等。

# 孕期生理变化、日常护理和产检

## ▶ 一、推测预产期

### 1.通常用的计算方法

根据末次月经的首日日期计算预产期，月份减3或加9，日数加7。

例如，上一次月经第一日是1月1日，则预产期月份：1+9=10，预产期日期：1+7=8；即预产期是10月8日。

当然预产期只是个估计的日期，真正分娩可能发生在预产期的前后2周，如果你的月经周期不太规则，或记不清末次月经的日期，请在妊娠早期根据妇科检查来推算。

### 2.精确的方法

精确的方法是按受精日期计算。如有清楚的性生活记录，可以推测受孕日期。受精日加38周为预产期。

## ▶ 二、妊娠0~8周（胚胎期）

### 1.母体变化

（1）月经停止。

（2）疲劳感和恶心呕吐。

（3）心率增加，很可能每分钟增加10次左右。

（4）乳房在变大，并可能变得比以往敏感得多。

（5）有尿频现象。

2. 日常护理

（1）保持心情轻松，因为精神紧张，会使呕吐加剧。

（2）注意冷暖，预防感冒。

（3）避免随便用药或接受X射线检查。

（4）合理安排生活，不要过度疲劳。

（5）可少食多餐，多吃清淡食物，多喝水。

（6）有条件的孕妇或呕吐较重的孕妇最好补充维生素，特别是B族维生素。

3. 产检项目

（1）验血或检测人绒毛膜促性腺激素（HCG），确定怀孕与否。

（2）如呕吐严重，则需做尿检，检测有无酮体。如检测结果为阳性，说明有酸中毒，需要及时补液。

（3）做全身体检有无不宜妊娠的严重疾病。

（4）最好到口腔科做一次保健。

## ▶ 三、妊娠9~12周（胎儿期开始）

1. 母体变化

（1）恶心、呕吐症状开始减轻，精神好转，食欲改进。

（2）有尿频现象。

（3）脸上可能会出现深色的斑块，通常被称为"黄褐斑"或"妊娠斑"，在分娩后会逐渐消失。

2. 日常护理

（1）多饮水，多吃新鲜的水果和蔬菜，以防便秘。

（2）饮食应多样化，不挑食，不偏食。

（3）不去人多的公共场所，避免传染疾病。

3. 产检项目

（1）B超检查，确定胎儿孕龄。

（2）确定胎盘位置。

## ▶ 四、妊娠13~16周

**1. 母体变化**

（1）可能会比前几个星期精力充沛。

（2）腹部的隆起开始变得明显。

（3）可能有便秘的苦恼。

（4）由于雌激素水平升高，阴道分泌物（白带）增多，如果没有痒及其他不适，不必在意。

**2. 日常护理**

（1）日间多喝水，黄昏后减少水的摄入量，以免夜半因尿频影响睡眠。

（2）改穿宽松衣服及低跟鞋。

（3）饮食清淡，吃易消化食物。荤素搭配，粗细粮搭配。

**3. 产检项目**

胎儿先天染色体异常的唐氏症筛检。

## ▶ 五、妊娠17~20周

**1. 母体变化**

（1）腹部隆起稳定增大，可能开始在乳房、腹部、臀部出现红色妊娠纹。

（2）开始感觉到胎动。

（3）食欲旺盛。

**2. 日常护理**

（1）穿棉质胸罩，切勿挤弄乳房。

（2）起床或坐起来时动作要慢，如感头晕，立即躺下休息。

（3）注意营养，平时不喝奶的孕妈妈开始补钙，早、晚各饮250毫升牛奶或豆浆。

（4）有牙龈出血或牙龈炎症状的孕妈妈应去口腔科治疗。

3. 产检项目

进行B超检查，测量胎儿的形态特征，判断胎儿的发育情况，还要检查胎儿的心脏、骨骼等有无先天异常。

## ▶ 六、妊娠21~24周

1. 母体变化

（1）腹部明显隆起，行动变得笨拙，关节韧带松弛，导致腰背痛。

（2）体重增加较快，有可能下肢水肿，血压升高。

（3）胎动更加明显。

（4）妊娠激素致使肠蠕动减弱，导致便秘，可能出现痔疮。

2. 日常护理

（1）多做有规律的产前运动。

（2）多吃蔬菜，多喝水。

（3）白天尽量把双脚垫高。

（4）保持大便通畅。

3. 产检项目

妊娠糖尿病筛检。1%~3%的孕妇有妊娠糖尿病。体重超过标准体重的20%，或有糖尿病家族史，年龄超过35岁，胎儿过大，有多食、多尿、多饮现象的孕妇要及时检查，以免造成巨大胎儿，甚至危及胎儿或母体生命。

## ▶ 七、妊娠25~28周

1. 母体变化

（1）胎动加强，能感觉胎儿的各种运动，如跳动、滚动，休息时更加明显。

（2）白带增多。

（3）呼吸困难，消化不良。由于子宫位置升高，限制了膈肌的运动和胃肠蠕动，吃东西后胃部不舒服。

（4）下肢由于受到压迫可能发生静脉曲张。

（5）有时头痛、失眠、多梦。

（6）有可能有初乳分泌。

2. 日常护理

（1）注意外阴的清洁，应每日清洗，勤换护垫，降低感染的风险。

（2）正常的阴道分泌物应是无色无味的，否则应立即就诊。

（3）休息时注意姿势，不适合仰卧，提倡左侧卧位。

（4）睡前不要紧张，可喝杯热牛奶，洗温水澡，以利于睡眠质量的提高。如出现头痛、失眠症状，要去就诊。

（5）注意观察胎动规律。

3. 产检项目

（1）胎儿监护1次、糖耐量、常规产检。

（2）从28周开始，每两周就要产检一次，从36周开始；每周产检一次。

## ▶ 八、妊娠29~32周

1. 母体变化

（1）胎儿活动频繁。

（2）呼吸更加不畅。

（3）尿频。

（4）原有的雀斑更加明显，痔疮加重，并可能出现尿失禁。

2. 日常护理

（1）多做产前运动，增加肌肉弹性。

（2）多坐下休息，垫高双脚及穿医用弹力袜。

（3）避免疲劳和远行，避免出入人多的地方，不宜逛商店。

3. 产检项目

（1）30周：胎儿监护1次、常规产检。

（2）32周：彩超、血常规、尿常规、胎儿监护1次、常规产检。

## ▶ 九、妊娠33~36周

1. 母体变化

（1）胃灼热、消化不良和呼吸困难等症状有所减轻。

（2）尿频症状加重。

（3）手脚肿胀。

（4）感觉疲乏。

（5）趾骨联合部位疼痛，甚至影响行走。

2. 日常护理

（1）避免剧烈运动，以免加重心脏负担。

（2）多吃含钙量高的食物，少吃盐，可减少抽筋。

3. 产检项目

（1）34周：胎儿监护1次、产检。

（2）36周：胎儿监护2次、产检。

## ▶ 十、妊娠37~40周

1. 母体变化

可能有临产的迹象，比如宫颈黏液被排出，阴道轻微见红，轻微腹痛，子宫收缩，把这些情况报告医生。

2. 日常护理

（1）多休息，多做呼吸技巧练习。

（2）留意产前征兆。

3. 产检项目

（1）胎儿宫内安危的监测：胎心、胎动检查，每周1次或2次，必要时做B超检测羊水量。

（2）37周：胎儿监护1次、常规产检。

（3）38周：彩超、肝功、肾功、梅毒血清学检查（USR）、血常规、胎儿监护1次、常规产检。

（4）39周：胎儿监护1次、常规产检。

（5）40周：胎儿监护1次、常规产检。

# 怀孕早期常见的病理现象和护理

怀孕期间，孕妇身体会发生很多变化，大部分属正常现象。如果在妊娠期出现以下异常情况，则应立即通知医生，及早治疗。

## ▶ 一、严重的妊娠呕吐

1. 原因

（1）孕妇过分担心或患精神衰弱，都会使呕吐持续或加剧。

（2）孕妇胃酸分泌不正常。

（3）胃越空，越易呕吐。

2. 症状

持续呕吐并有日益加剧现象，以至影响正常饮食，体重下降、严重缺水、尿量减少及便秘。

3. 护理方法

尽快就诊。

## ▶ 二、阴道出血

1. *原因*

（1）先兆流产。

（2）怀疑宫外孕或葡萄胎。

2. *症状*

（1）出血情况持续数天至数星期。

（2）初时流出鲜红色的血，后来变成褐色。

3. *护理方法*

（1）必须立刻就诊。如为先兆流产，应卧床休息，待出血停止。

（2）避免剧烈运动、过劳及受刺激。

（3）停止性交，直至胎儿安稳下来。

（4）避免便秘，但不应服用泻剂。

（5）如医生确定是流产或宫外孕、葡萄胎，应及时入院治疗。

## ▶ 三、宫外孕

1. *原因*

受精卵未能成功达到子宫腔，而在输卵管、卵巢或腹腔内着床。

2. *症状*

下腹部经常有疼痛感，阴道有红色或褐色血液，输卵管妊娠流产或破裂引起腹腔出血，有剧烈腹痛、晕倒、休克、面色苍白及血压下降。

3. *护理方法*

立刻就医接受检查及治疗。

## ▶ 四、葡萄胎

1. *原因*

受精卵发育异常、无胎芽，胎盘绒毛积液呈葡萄状。

### 2. 症状

阴道出血，子宫异常增大。

### 3. 护理方法

立刻就诊。一经B超检查确定，应立刻住院，进行清宫手术。

# 怀孕中、晚期可能出现的异常情况

## ▶ 一、贫血

### 1. 原因

（1）营养不良，膳食中缺乏铁元素。

（2）有慢性失血性疾病，如痔疮、结核病、钩虫病。

（3）已生育多次。

### 2. 症状

（1）面色苍白。

（2）容易疲劳，头晕。

（3）血色素过低。

### 3. 护理方法

（1）多吃含铁和蛋白质食物。

（2）定时检查血色素。

（3）遵照医生嘱咐定时吃含铁剂药物。

（4）纠正偏食、挑食的习惯。

（5）治疗慢性消耗性疾病。

## ▶ 二、糖尿病

### 1. 原因

（1）孕妇本身过胖。

（2）近亲如父母及兄弟姐妹有糖尿病。

（3）胎盘分泌拮抗胰岛素的激素。

### 2. 症状

（1）容易疲劳。

（2）尿液有甜味。

（3）多饮多食。

### 3. 护理方法

（1）孕妇要注意饮食，避免过胖。

（2）进行糖尿病筛查。

（3）确诊后遵从医嘱治疗。

（4）遵照医生嘱咐进行口服葡萄糖耐量试验以决定是否需要进行药物治疗。

## ▶ 三、先兆子痫

### 1. 原因

孕妇在怀孕前血压正常，孕期20周后，突患高血压、蛋白尿，原因尚不明。

### 2. 症状

（1）血压高达140/90毫米汞柱或以上。

（2）蛋白尿。

（3）有头疼、眼花、视物重复等病症。

（4）体重增加过多，以至出现全身水肿。

3. 护理方法

（1）增加产前检查次数，及早治疗可降低产生并发症的可能。

（2）卧床休息，使血压降低。

（3）注意饮食健康，少吃高脂肪、高糖分及高盐分的食物。

（4）严重情况需要住院治疗。

## ▶ 四、阴道流血

1. 原因

（1）胎盘早剥。

（2）胎盘前置。

（3）先兆早产。

2. 症状

在孕期28周以后至胎儿出生前，阴道如有血流出，不论多少或是否有腹痛，都属于不正常情况。有时会有大量出血症状。

3. 护理方法

（1）立刻垫上卫生巾，留意出血量。

（2）有大量出血时马上安排入院诊断和治疗。

## ▶ 五、胎位异常

1. 原因

36周后，胎儿如仍未转成头向下姿势，就被视为胎位异常。

2. 症状

胎儿36周后，仍处于横卧、斜卧或臀部向下姿势。

3. 护理方法

及早找医生商量，决定入院时间及分娩方法。

## ▶ 六、过期妊娠

### 1. 原因

人类孕期平均40周，若怀孕满42周或者超过42周仍未能分娩，即属于过期妊娠。

### 2. 症状

胎盘的功能在42周左右逐步退化。

### 3. 护理方法

通知医生，决定是否要引产，即"催生"。

## ▶ 七、胎动减少

### 1. 原因

怀孕末期，由于胎儿活动空间减小，胎动次数亦减少。但若活动次数减少太明显或太突然，可能表示胎儿发生问题，应立即住院。

### 2. 症状

通常在12小时内胎动至少30次，表示没有问题。

### 3. 护理方法

若怀疑胎动停止，可尝试改变成侧卧姿或走动数分钟，刺激胎儿反应。如仍无反应，要立即就医。

# 第二部分 孕妈妈必读知识

# 怎样判断是否怀孕

　　备孕的妈妈们都想在第一时间知道自己是否怀孕。在受孕的第一个月，孕妈妈感觉不到新生命的开始。但是，有一些重要的征兆，会提醒备孕的妈妈们可能怀孕了。如果你怀疑自己已经怀孕或身体呈现以下一种或几种症状，你便应该就医检查一下了。那么怎么判断是否怀孕？让我们一起来看看吧！

## ▶ 一、怀孕初期症状

### 1. 月经停止

　　这是孕妈妈最常注意到的怀孕征兆。只要是平时月经周期正常，在性行为后超过正常经期两周，仍未来月经，就有可能是怀孕了。但并不是说月经没有来就一定意味着怀孕了。月经没有来的原因很多，如卵巢机能不佳、激素分泌不正常。工作压力、情绪紧张等都会引起月经迟来的现象。所以，还是要经过专业医生的诊断确认。

### 2. 常有恶心、呕吐的感觉

　　怀孕初期，很多孕妈妈时常会有恶心、呕吐的感觉，尤其是在早晨。这些症状的严重程度因人而异，有些孕妈妈妊娠反应相当轻微，有的则很严重。其实，这些都是怀孕初期的正常现象。但是，如果恶心、呕吐得非常厉害，最好及时就医，进行专业检查。

### 3. 乳房有刺痛、膨胀和瘙痒感

　　乳房有刺痛、膨胀和瘙痒感，这是怀孕早期的生理现象。此外，还会有乳晕颜色变深、乳房皮下的静脉明显、乳头明显突出等变化。

### 4. 容易疲倦

　　怀孕初期容易疲倦，常常会想睡觉。

### 5. 阴道黏膜变色

怀孕初期，阴道黏膜可能会因充血而呈现出较深的颜色。

### 6. 皮肤颜色有变化

皮肤可能会产生色素沉淀，腹部可能出现妊娠纹。这些现象在怀孕后期更为明显。

### 7. 尿频

怀孕第三个月时，因为膀胱受到日益扩大的子宫的压迫，容量变小，孕妈妈常会有尿频的现象发生。

### 8. 基础体温升高

基础体温可以反映安静状态下身体能量代谢情况。孕妈妈的基础体温与卵巢激素周期变化有关，排卵后体温会升高0.3℃～0.5℃，直至月经前1~2天或月经第1天。如果基础体温上升后月经到期未来，而基础体温持续不降达16天之久，则受孕可能性较大。如持续3个月则基本可以肯定是怀孕。但需要排除其他可使体温升高的因素，如全身感染疾病、感冒等。

## ▶ 二、如何使用早早孕试纸

在一般情况下，早早孕试纸检测结果有两种：如在试纸的对照区出现一条有色带（有的试纸显红色，有的试纸显蓝色），表示未受孕；反之，如在检测区出现两条明显的色带，则表示阳性，说明发生妊娠。这种检测具有快速、方便、灵敏、特异性高的优点，可避免与人绒毛膜促性腺激素有类似结构的其他糖蛋白激素引起交叉反应。但是，自测早早孕的妇女必须记住：早早孕试纸检测只是初筛，是否真正怀孕一定要到医院进一步确定。

## ▶ 三、医院诊断怀孕的方法

### 1. 尿妊娠试验

怀孕10天左右孕妈妈尿中即可检测到人绒毛膜促性腺激素。此检测方法准确率达99％。

### 2. 血人绒毛膜促性腺激素检查

有些尿检不出的，可检测血清人绒毛膜促性腺激素。若为阳性者，即可诊断为妊娠。结合B超还可判断是否宫外孕。

### 3. 妇科检查

在检查中，医生会发现孕妈妈的子宫开始变大，宫颈及子宫下段变软和发紫色，阴道黏膜颜色变深等。受孕后两周的孕妈妈做此种检查，准确率几乎达100％。

### 4. B超检查

停经45天以上，B超可以见到子宫内有胚胎或早期胎心搏动。这是一种简便易行的方法。（温馨提示：怀孕早期，尽量少做B超）

# 孕期科学的作息时间安排

俗语说"吃洋参，不如睡五更"。睡眠质量的好坏与人们的身体健康与否有着密切的联系。尤其对于孕妈妈来说，孕期的睡眠直接影响到胎儿的发育。孕期保持有规律的作息是非常重要的。下面详细介绍相关的知识，希望对大家有帮助。

## ▶ 一、孕期如何安排作息时间

睡眠不足可引起孕妈妈疲劳过度、食欲下降、营养不足、身体抵抗力下降，增加孕妈妈和胎儿感染的机会，造成多种疾病发生。但睡眠时间长短，因人而异，有的仅睡5~6小时即可恢复体力与精力，有的则需更多的时间，一般正常人需要8小时的睡眠。孕妈妈因身体发生一系列特殊变化，易感疲劳，可将睡眠时间适当延长1小时，一般每天应保证至少8个小时的睡眠。

孕早期，孕妈妈的身体变化不大，胎儿处于母体盆腔内，不必过分强调睡眠姿势。孕妈妈可随意选择舒适的睡眠体位，仰卧位、侧卧位均可。

孕晚期睡眠最好以左侧卧位为主，定时交替更换睡姿。有的孕妈妈发现，将枕头放在腹部下方或夹在两腿中间比较舒服。将摞起来的枕头或叠起来的被子、毛毯垫在背后也有助于减轻腹部的压力。

孕晚期，为保持精力充沛，还应再坚持午睡1小时左右。无午睡条件者，至少也应卧位休息半小时。孕妈妈每日工作时间不应超过8小时，并应避免上夜班。工作中感到疲劳时，在条件允许的情况下，可稍休息10分钟左右，也可到室外、阳台或楼顶呼吸新鲜空气。长时间保持一种工作姿势的孕妈妈，中间可时不时变动一下姿势，如伸伸胳膊动动脚，以缓解疲劳。

## ▶ 二、孕期注意事项

除此以外，悠闲的散步，也是一种很好的休息方式。孕妈妈可坚持晚饭后就近到公园、广场、体育场、田野、宽阔的马路或乡间小路散步，最好夫妻同行，同时说说悄悄话。这样既能缓解疲劳，也是使孕妈妈保持良好精神状态的妙方。但行程要适中，还应避免着凉，否则会得不偿失。

# 孕妈妈如何应对妊娠反应

孕12周以前称为孕早期。很多孕妈妈会有不同程度的恶心、呕吐、厌食等症状，少数严重者呕吐频繁、剧烈，特别是在晨起或饭后加重，可引起体内水和钠、钾等丢失，造成电解质紊乱，甚至出现酮症酸中毒。所以孕早期应注意的主要问题是保持体内环境平衡。

　　孕妈妈饮食上应注意少量多餐，多喝水、多吃蔬菜和水果，吃一些清淡可口、量少质精的食品，尽量保障每日热量的基本供应。因为孕早期正是胎儿神经系统迅速分化时期，所以要注意维生素（尤其是叶酸、维生素$B_{12}$）和蛋白质的摄入。孕妈妈要多吃蔬菜、水果补充维生素；也可以吃一些花生、核桃、瓜子等坚果以补充微量元素；肉类选择瘦肉及动物内脏。孕早期切忌随意服用减轻反应的药物。由于孕早期是胚胎形成时期，营养不需要增加很多，所以大多数情况下不会影响胎儿的发育。早孕反应一般到4个月会消失，不需服药。如果出现严重反应，恶心、呕吐频繁，不能进食，则应及时就医。由于早孕反应与心理因素有很大的关系，所以孕妈妈要学会自我调节，认识到怀孕是自然的生理过程，不要有过多的心理负担，要保持心情舒畅，保证充足的睡眠。

**最常用的抵制晨吐的方法：**

（1）每天起床前先吃点饼干或面包。

（2）少量多餐。

（3）喝牛奶。

（4）多喝水。

（5）食用刺激性小、不油腻的食物。

（6）充足的睡眠，多注意休息（过度疲劳会增强恶心的感觉）。

（7）避免接触炒菜的油烟。

（8）避免食用油炸和辛辣的食物。

# 孕期饮食调配

孕期的饮食营养，不仅影响到胎儿的正常发育，也关系到出生后宝宝的体质和智力。因此，科学地调配妊娠各时期的饮食有着十分重要的意义。孕期的饮食应根据其特殊的营养需求进行安排。孕妈妈需要保证碳水化合物、蛋白质、脂肪、矿物质和维生素的摄入，多吃些蛋类、牛奶、鱼、肉、动物肝脏、豆制品、蔬菜、水果等食物，还应粗、细粮搭配。

## ▶ 一、孕早期

注意食物的多样化，数量不一定很多。轻度呕吐者鼓励少量多餐。补充足量的B族维生素有助于增进食欲。

饮食以清淡为宜，避免食用油腻食物。

尽量选用含优质蛋白质的食物——奶类、鱼类、蛋类、禽类。

重视碳水化合物的摄入。

蔬菜、水果是碱性食物，应多食用。

多吃呈酸味的食品或凉拌菜，以增进食欲。

## ▶ 二、孕中期

胎儿生长速度加快，营养需求增加。孕妈妈食欲大多好转，要求食物品种和数量相应增加。

建议每日摄取谷类400～500克、豆类约50克，肉类100～150克，动物肝脏和血每周摄入1～2次。

多吃小麦、玉米、麦片等杂粮。

多吃虾皮、海带、紫菜等含钙丰富的食品。

### ▶ 三、孕晚期

妊娠最后3个月胎儿生长最快，并且要储备一定量的钙、铁、脂肪等。孕晚期要增加优质蛋白质、钙、铁的摄入量。

建议每日摄取谷类400~500克、蛋白质150~200克，动物肝脏和血每周摄入2次。

有水肿的孕妈妈要适当控制食盐摄入。孕晚期常感胃部不适或饱胀，饮食上可少量多餐。

# 孕期常用的食品和应避免摄入的食物

孕期饮食关系到孕妈妈和胎儿的健康。哪些食物对孕妈妈和胎儿有益？哪些食物会影响胎儿的发育？孕妈妈们一定很迷惑到底哪些食物是需要经常食用的，哪些食物是应避免的，下面就为大家做一介绍。

### ▶ 一、孕期有益食物

**水果：** 胎儿在生长发育过程中，细胞不断生长和分裂，需要大量的热量和蛋白质，同时需要大量维生素。虽然维生素广泛存在于肉、粮食、蔬菜等中，但水果因洗净后就可以生食，避免了维生素因加热而大部分损失的现象，所以常食用水果的人，体内是不会缺乏维生素的。

**鹌鹑：** 枸杞与鹌鹑同时炖熟服用，具有健脑、养神、益智的功效。

**海产品：** 海产品可为人体提供易被吸收利用的钙、碘、磷、铁等，对于大脑的发育及防治神经衰弱等有着良好的效用。紫菜可以熬汤；海带则可以烧、炒、煮，以及与各种肉食、蔬菜同时烹调，味道鲜美。

**芝麻：**芝麻，特别是黑芝麻，可通肠胃，舒血脉。黑芝麻含有丰富的钙、磷、铁，同时含有19.7%的优质蛋白。其中有近10种重要的氨基酸，这些氨基酸均是构成脑神经细胞的主要成分。芝麻的食用方式较多。芝麻炒熟后研末，加入盐和焙过的花椒粉后可夹在馍中，调入面条，还可拌凉菜或蒸成花卷，制成芝麻酱。经常食用，具有补血、强筋、健脑、养发、润肠、生津、通乳等功效。

**大枣：**每100克大枣中维生素C的含量高达540毫克。除了煮粥食用外，还可制成枣馅、枣糕、枣饼或包在粽子里食用。

**木耳：**每100克木耳含糖量高达65.5克，含钙量高于紫菜，含铁量高于海带。木耳中所含胶质可以把残留在消化道中的灰尘和杂质吸附集中起来排出体外，从而起到清胃涤肠的作用。木耳还具有滋补、益气、养血、健胃、止血、润燥、清肺、强智等疗效。黑木耳炖红枣，具有止血、养血之功效，是孕、产妇的补养佳品。

**花生：**花生素有"植物肉"的美称。花生和大豆一样，富含易被人体吸收利用的优质蛋白。花生米产生的热量高，这是牛奶、鸡蛋、肉类无法媲美的。花生中的钙、磷等含量也比奶、蛋、肉中的高。花生中还富含维生素、糖、卵磷脂、必需氨基酸、胆碱等。所以说，花生所含的营养成分比较全面。生食、炸、煮、腌、酱均可，孕妇应经常食用花生（其红衣可治疗贫血，不可抛弃）。

#### ▶ 二、应避免的食物

##### 1. 高糖食物

经常食用高糖食物会引起糖代谢紊乱，甚至增加罹患糖尿病的风险。过量食用高糖食物极易出现孕期糖尿病，不仅危害孕妈妈本人的健康，还会危害胎儿的健康发育，容易出现早产、流产或死胎现象。

## 2. 辛辣食物

辛辣食物会导致消化系统功能紊乱，过多食用会出现消化不良、胃部不适、便秘等症状，甚至会引发痔疮。如果孕妈妈过量进食辛辣食物，一方面会加重消化不良、便秘、痔疮的症状；另一方面也会影响胎儿营养的供给，甚至增加分娩的困难。

## 3. 油炸食物

油炸食物存在安全隐患。一些反复加热、煮沸、炸制食品的食用油内，可能含有致癌的有毒物质，营养价值大打折扣，难以被消化吸收。

## 4. 咖啡、浓茶

咖啡因可以通过胎盘进入胎儿体内，刺激胎儿兴奋，甚至会影响胎儿器官的正常发育。此外，孕妇饮用咖啡可能会出现恶心、呕吐、头痛的症状。

饮浓茶易造成缺铁性贫血，大量饮浓茶会刺激胃部，影响其他营养物质的吸收。

**注意事项：**

孕早期食欲不好，孕妈妈可以稍微吃一点辣，但不能过量；喜欢甜食的孕妈妈可以用水果来代替甜食；喜欢喝茶的不妨喝点淡淡的菊花茶。

除上述食品外，我们传统的早餐油条、油饼中含有较多的铝，会影响胎儿的健康，不能多吃。

## ▶ 三、容易引起流产的食物

妊娠期间，孕妈妈应注意营养的摄入，同时也该注意到有些饮食会对自己或者胎儿产生不良影响。以下4种食物容易引起流产，是孕妈妈不宜吃的。

**芦荟：** 芦荟本身就含有一定的毒素，中毒剂量为9~15克。中国食品科学技术学会提供的资料显示，孕妈妈若饮用芦荟汁，会导致阴道出血，甚至造成流产。对于生产后的女性，芦荟的成分混入乳汁，会刺激婴儿的胃肠黏膜，引起腹泻。

**螃蟹：**味道鲜美，但其性寒凉，有活血祛淤之功，对孕妈妈不利，尤其是蟹肉，有明显的堕胎作用。

**甲鱼：**虽然它具有滋阴益肾的功效，但是甲鱼性味咸寒，有着较强的通络散瘀作用，因而有一定堕胎之弊。

**薏米：**中医认为其性滑利。药理实验证明，薏米对子宫平滑肌有兴奋作用，可促使子宫收缩，因而有诱发流产的可能。

**松花蛋：**孕妈妈不慎铅中毒，会造成流产、死胎或婴儿畸形的后果。铅渗透至脑，可直接抑制生长激素分泌，引起孩子身材矮小、性早熟、肥胖等。传统的松花蛋制作过程中，为促使蛋白质凝固，要加些氧化铅或铜等重金属。若长期食用，其中的铅或铜会慢性积累而不利于健康。如今，皮蛋的腌制工艺已改进，用硫酸铜、锌等代替氧化铅，"无铅皮蛋"也由此得名。其实，"无铅皮蛋"并不是一点铅都不含，只是铅的含量比传统腌制的皮蛋含铅量要低得多。微量的铅对成年人的健康影响不大，但对孕妈妈来说，无铅皮蛋也以少吃或不吃为好，因为胎儿对铅非常敏感。

# 孕期饮水须知

## ▶ 一、学会科学喝水

孕妈妈不要等渴了才喝水：口渴是大脑发出要求补水的紧急信号。这时身体内的水分已经失衡，脑细胞脱水已经到了一定的程度。

起床后先喝杯水：研究证实，早饭前30分钟喝200毫升25℃～30℃的新鲜开水，可以润肠胃，促进消化液的分泌，增进食欲，刺激肠胃蠕动，有利于定时排便，防止孕期发生便秘、痔疮。

## ▶ 二、喝什么水才健康

蜂蜜水。每天清晨喝一杯淡蜂蜜水可以预防便秘的发生。蜂蜜含有多种营养成分，是最常用的滋补饮品之一。

淡茶水。茶含茶多酚，茶多酚有很好的抗细菌、抗病毒的作用；茶还含有多种维生素和氨基酸，有很强的抗氧化功效。但最好喝冲第二杯后的茶水。

## ▶ 三、不能喝什么水

### 1. 不要喝没有烧开的水

自来水一般使用漂白粉消毒，没有烧开的水中往往含有氯气，因此如果水没有烧开，水中的微生物和残留的氯气都会对宝宝和孕妇的健康造成伤害。

### 2. 不要喝用保温杯泡着的茶

茶通常来说是要现泡现喝的。泡制、存放过久的茶可能滋生细菌，不利于人体健康。

### 3. 不要喝被污染过的水

一般来说，饮用水是否被污染过，很多人是能判断的。工业废水肯定是不能喝的。如果周边有工业区，特别是污染性强的工业区，那么家里用水是否被污染过就有待进一步考察。

### 4. 不要喝冰水

冰水可能会使孕妈妈胃部痉挛，使胎儿的免疫力低下。

所以孕妈妈们喝水要注意了，别照着自己的想法来喝水，有规律、有讲究地喝水才有利于自身和胎儿的健康。

# 孕妇如何使用手机

　　手机在日常生活中已经成为大家的亲密小伙伴了。有数据统计，大城市里每个年轻人每天平均使用手机3~5小时。随着年轻妈妈对自己和宝宝健康意识的加强，手机，这个人们最亲近的小伙伴引发的健康问题，特别是对孕妈妈们健康的影响，尤其引起人们关注。

　　日常生活中，孕妈妈是可以正常使用手机的。不过，孕早期是胚胎组织分化、发育的关键时期，也是最容易受内、外环境影响的时期。为了确保体内胎儿的正常发育，孕妈妈应尽量少使用手机。而其他时间，孕妈妈也需减少手机的使用时间。

## ▶ 一、孕妈妈如何安全使用手机

**1. 尽可能少用**

　　每天使用手机的时间一定要控制好，可以用发短信的方式来替代打电话。

**2. 通话时间要尽可能短**

　　通话时间不宜太长，有条件的可以用座机替代手机，或者尽量让手机离头部远一点，如使用扬声器功能。

**3. 信号不好时尽量不要用手机**

　　因为此时的手机辐射较大，信号不好时可以换个地方使用，比如到户外或者离窗户近的地方。

**4. 通话时最好使用耳机**

　　孕妈妈使用手机通话时可以使用耳机，分离听筒和话筒，这样可增加手机与头部的距离，减少辐射。

## ▶ 二、使用手机的好处

虽然手机是辐射源，但能带给孕妈妈一些益处。

### 1. 紧急联系工具

怀孕期间妈妈挺着大肚子，做什么都不方便。要是有紧急事件或特殊情况发生，手里有一部手机能方便地联系家人和朋友。

### 2. 消磨时间

孕妈妈可以借助手机上网、玩游戏、听歌、看电子书等，丰富日常生活。偶尔玩玩手机还可以转移注意力，缓解紧张的心情，保持积极的心态。

### 3. 为自己和宝宝拍照

孕期的每一天和宝宝出生那一天是值得留念的。宝宝出生前的日子美美地拍孕照，宝宝出世的那一刻拍照留念，这些都会成为日后美好回忆。

### 4. 给宝宝做胎教

打开手机音乐，让宝宝在轻缓的音乐中早早地接受胎教，同时愉悦孕妈妈和宝宝的心情。

### 5. 提供孕期指导

如今有很多APP程序，如像微信社交软件、健康食谱软件，智能运动软件，能全程陪伴孕妈妈走过孕期。每一天孕妈妈能收到贴心的建议，还有身体可能发生的变化，可能遇到的问题。微信公众号可提供个性化的知识帮助、有针对性的心理辅导，让孕妈妈轻松了解孕、育知识百科。

手机并非洪水猛兽，作为我们亲密的小伙伴，我们可以健康、有针对性地去使用它，让它为我们服务。最后提醒孕妈妈，为了自己和宝宝的健康，孕期还是要尽量少使用手机。

# 孕晚期应注意的问题

怀胎十月，孕妈妈进入了孕晚期，宝宝也快要出生了。现在，腹部越来越膨隆，孕妈妈可能会感到行动特别不便。这是孕妈妈和宝宝的最后一关。顺利度过这一关，孕妈妈就可以和亲爱的宝宝见面了。越是到最后的重要时刻，孕妈妈越要小心，在日常生活和待产准备上都要多加注意，顺利迎接宝宝的降临。

### ▶ 一、按时产检

孕晚期，一定要坚持产前检查。28~36周，至少两周检查一次；36周后，每周检查一次。检查事项主要包括称体重，量血压，尿检，子宫底检查，腹围测定，胎儿心音检测，血液检查，胎儿胎盘功能检查（NST），检查阴道、宫颈、子宫附件。

### ▶ 二、合理膳食、加强营养

在孕中期饮食的基础上，增加对蛋白质及钙的摄入，如豆腐和豆浆。多食用海带、紫菜等海产品以及坚果类食品等。注意控制盐分和水分的摄入量，以免发生水肿。

### ▶ 三、保证充足睡眠，避免身体疲乏

孕晚期，孕妈妈睡觉应采取左侧卧位的姿势。右侧卧位或仰卧位时，供给胎儿的血液都会减少，而左侧卧位则可以供给胎儿较多的血液，这时胎儿在妈妈肚子里就会更安逸。孕晚期的身体疲倦常常是由于睡眠不足引起的。影响睡眠的原因很多，如分娩焦虑、腿抽筋、小便频繁等。通过一些方法调

节睡眠，疲倦感自然就可以减轻很多了。

## ▶ 四、控制体重

每周增加不超过1千克：不少孕妈妈在怀孕期间进食大量补品。然而，宝宝出生时体重过重并非好事，巨大儿很容易会因为低血糖而损伤脑部，还有可能在分娩过程中出现窒息、颅内出血，准妈妈还可能面临难产、大出血等危险。因此，孕妈妈在孕后期一定要控制饮食，不能让体重增加太快。

## ▶ 五、时刻注意身体状况

孕妈妈会面临身体上的诸多突发问题，如果有以下症状，孕妈妈一定要多加注意：体重突然增加，手、脸水肿，头痛，视力改变等。这很可能是子痫前期的信号，会引起高血压和蛋白尿，这对母亲和胎儿都有影响。

## ▶ 六、禁止性生活

妊娠后期，如果孕妈妈有性交行为，给胎儿带来的危害是非常大的，除可能造成早产外，还可导致孕妇感染，增加胎儿和新生儿死亡的风险。

## ▶ 七、妊娠晚期不宜久站

长时间站立会使背部肌肉负担过重，造成腰肌疲劳而发生腰背痛，故应避免久站。可适当活动腰背部，增加脊柱的柔韧性可减轻腰痛。

## ▶ 八、警惕产前出血

孕晚期，孕妈妈应留意产前出血的现象。有的只是断断续续地点状出血，也有的是在睡梦中突然大量出血。对于少量的产前出血症状，不一定都是源于胎盘的病变，可通过超声波检查出问题所在。一般情况下，孕妈妈只要尽量卧床休息，注意观察即可，无须过于焦虑。

### ▶ 九、正确监测胎动

目前国内外均采用12小时胎动计数，即早、中、晚固定时间各测1小时胎动数，3次相加总数乘以4，即为12小时胎动数。一般12小时胎动20次以上为正常。孕妈妈要及时掌握胎儿在宫内的生活习惯，发现有不正常情况，应咨询产科医生，以了解胎儿在宫内有何不适并给予及时处理。

### ▶ 十、注意羊水变化

羊水量少于300毫升者，称为羊水过少。最少者只有几十毫升甚至几毫升黏稠、浑浊、暗绿色的液体。羊水过少较为少见，一般与胎儿畸形、过期妊娠有关。羊水过少是胎儿处于危险境地的极其重要的信号。若妊娠已足月，应尽快破膜引产。

### ▶ 十一、预防妇科炎症

到了怀孕后期，孕妈妈的白带会越来越多，这是子宫颈、子宫内膜的腺体分泌所致。如果护理不当，可能引起外阴炎，导致胎儿在出生经过阴道时被感染。因此，孕妈妈要格外注意外阴卫生护理。每天用温开水清洗外阴两次；每天换洗内裤，并在阳光下晾晒消毒。

### ▶ 十二、谨防脐带缠绕

通过普通B超检查，发现胎儿颈部上有脐带的压迹时，提示可能存在脐带绕颈问题。通过彩色超声波检查，不仅能够明确诊断，还可以看清楚缠绕的圈数。正常情况下，脐带漂浮于羊水中。如果脐带的长度过长、羊水过多或胎动过频时，容易使脐带缠绕在宝宝的脖子上，造成脐带绕颈。

### ▶ 十三、预防早产

孕妈妈每日要摄取足够的新鲜果蔬、豆类、花生、鱼类、肉类等食物，保证满足胎儿的营养需求。专家研究指出，多吃含脂肪酸的鱼类，如沙丁鱼、鲱鱼，可以预防早产。

早产是指从末次月经的第一天算起，怀孕的时间满28周但是不满37周就进行分娩的情况。这时出生的宝宝被称为早产婴儿。因为早产婴儿未能在妈妈的胎盘中发育完全就生了下来，所以早产婴儿的各个器官发育往往相对不那么完善，容易出现一些疾病。

怀孕期间的女性，要注意减轻工作的强度；在家休息的女性避免做较重的家务活。

每天有足够的休息和睡眠时间对每个孕妈妈都是非常重要的。如果是有早产危险的孕妈妈，可以选择在上午和下午坐着的时候做抬脚的动作，中午可以增加侧卧休息一个小时。

孕期要摄取合理并且充足的营养。孕妇要满足自身和宝宝的营养需求，摄入的食物不必太多，但一定要保证营养充足，包括蛋白质、脂肪、热量、碳水化合物和各种的维生素。如果孕妈妈偏食，会导致胎儿营养不良，发育不好，这也是导致早产的比较重要的因素之一。

孕妈妈要预防感染性的疾病，尤其要预防生殖道的感染。生殖道感染也是导致早产发生的重要因素之一。因为生殖道感染，细菌产生的毒素进入羊膜，刺激产生细胞毒素和前列腺素，导致早产的发生。所以孕妈妈一定要注意阴道卫生，一定要穿舒适、全棉、透气的内裤。孕妈妈不要乱用阴道清洁用品，使用不当反而增加感染的机会。

### ▶ 十四、做好分娩准备

准爸爸要为孕妈妈分娩做好全面的准备，帮助孕妈妈消除对分娩的恐惧心理，保证孕妈妈的营养和休息，为分娩积蓄能量，做好家庭监护，以防早产。孕妈妈们要时刻做好待产准备，尽量避免单独外出。出现分娩迹象时，立即去医院。

# 预产期临近应注意的问题

预产期马上就要到了，孕妈妈可能会觉得日子过得很慢，自己行动笨拙，很不舒服。不过再坚持几天，就可以和宝宝见面了，孕妈妈现在要做的是充分休息，做好一切准备，耐心等待分娩的来临。

预产期，只是预计的胎儿可能出生的日期。在预产期前、后2周分娩都是正常的。因此在预产期到来之前的3~4周，孕妈妈就有必要开始着手入院的准备工作了。

### ▶ 一、入院物品清单

保健卡、孕妇健康手册、准生证、身份证及挂号证。

两件前开口的睡衣，一件长袍和两双拖鞋。一双拖鞋最好是有后跟的，有助于产后恢复；还要准备一双洗澡用的塑料拖鞋。

长条卫生纸5~10包，两包超长卫生巾和几条内裤。可根据自身需要选购合身的哺乳胸罩和一次性乳垫、洗浴用品包。

准备好碗、吸管、水杯等餐饮用具；准备脸盆、毛巾等洗浴用品；准备一支极柔软的牙刷。

巧克力和矿泉水。巧克力可以迅速提供热量。

**爱心提醒：**

　　最好能在分娩前给宝宝起好名字。分娩后很快就应办理宝宝的《出生医学证明》，临时起名字势必有些仓促。

### ▶ 二、了解临产征兆，做好入院准备

随着分娩日的临近，便会有以下各种征兆提醒孕妈妈即将临产。征兆出现时间，因人而异。较早者在怀孕36周便有感觉。

（1）子宫底下降。这一般预示着胎儿开始下降。孕妈妈在呼吸时会感到比较轻松，胃部不再受到压迫，感觉比较舒畅，食欲变佳。

（2）腹部隐痛，又称前阵痛。这是因为子宫敏感，稍受刺激，便容易收缩所致。有些人还会有腰酸的现象。

（3）尿频。这是胎儿头部下降压迫膀胱所致。特别是在夜间，孕妈妈三番五次起床解尿。

（4）胎动减少。这是胎儿头部下降至盆腔，活动受限所致。

（5）大腿处鼓胀。大腿或膀胱附近有鼓胀的感觉，甚至会痛得难以举步。

（6）分泌物增多。主要是子宫颈口处的分泌物增多，而且呈黏稠的状态。

（7）体重不再增加。原本持续增加的体重不再增加甚至会减轻。

分娩前的准备比较重要。如果分娩前的准备工作没有做好，不仅影响分娩的顺利进行，而且还会造成宝宝出生之后手忙脚乱的后果。因此，孕妈妈要有良好的心态，精心的准备，才能够让宝宝更为顺畅地降临人间。

### 1. 选择好去医院的路

路况拥挤已经成为城市交通的常态。绝大多数孕妈妈不可能直接从家门就走进产房门，所以提前选好去医院的路径十分重要。如果有几条路都可以到医院，那么建议提前测试一下，看哪条路最近，交通最畅通，以便在紧急情况下能第一时间到达医院。

### 2. 提前安排好手头上的事情

手头上的事情，要提前安排好。比如养的小宠物，在孕妈妈住院的三五天里，总得有人喂；阳台上的花草，总得有人浇水。更重要的是，所有的婴儿用品都得有除孕妈妈之外的另一个人知道放在哪儿，用的时候可以方便地找到。建议孕妈妈写一张物品存放清单。

### 3. 有条件的可以提前预约产科

预产期临近，孕妈妈可以提前打电话到医院产科，告诉值班医生自己的预产期，了解相关的产前知识，咨询需要做哪些准备工作。比如，了解医院产科的具体位置，产科的电话，医生在哪个办公室，到了医院走哪条路能最快到产科等。虽然，这些看起来都不是什么大问题，但到关键的时候，能起到大作用，是不可忽略的重要小细节！

## ▶ 三、正确把握入院待产的时机

选择适当的时机到医院待产，既能使孕妈妈有安全分娩的保障，同时也降低了宝宝降生的危险系数。因此，孕妈妈自己掌握好入院的时机很重要。

当出现以下临产症状时，孕妈妈就要去医院待产了。

（1）规律性子宫收缩。孕妈妈感到腹部一阵阵发胀、发紧、腹部下坠，就是子宫收缩。如果子宫收缩发生得越来越有规律，就离分娩不远了。不论是否有出血的现象，只要收缩的间隔缩短、增强，且每次持续30秒以上，就要立刻住院。

（2）见红。临产前有少量血性黏液从阴道内流出就是见红。如果只流出带血的分泌物，但收缩仍不规则，不必急着送孕妈妈上医院，先观察情况，等子宫每隔20分钟持续30秒以上的规则性收缩时，再入院生产即可。

（3）破水。孕妈妈发生破水后，此时无论是否有宫缩都要及时去医院。在前往医院的路上，孕妈妈应平卧，因羊水流出时脐带可能会随之脱出，如脐带被嵌顿，可导致胎儿供血不足而缺氧，甚至窒息死亡。

只要稍有怀疑是产兆出现，孕妈妈应立刻前往医院的产房内接受内诊，经产房的医护人员判定还不需要住院者，可返家观察。

## ▶ 四、产前锻炼骨盆底肌肉

骨盆底肌肉有支撑并保护子宫内胎儿的作用。女性怀孕后这些肌肉会变得柔软、有弹性，但由于胎儿的重量，孕妈妈一般会感到沉重。到了孕晚期，甚至可能会有漏尿症状。为了避免发生这些问题，孕妈妈应该经常锻炼骨盆底肌肉。

> **特别提示：**
> 　孕妈妈做产前运动时要先排空膀胱，最好选择在硬板床或地面上做，要穿宽松的衣服（解开带扣）。

具体方法如下：身体仰卧，头部垫高，双手平放在身体两侧，双膝弯曲，脚底平放于床面，像要控制排尿一样，用力收紧骨盆底肌肉，停顿片刻，再重复收紧。每次重复做10遍，每日至少3~5次。

## ▶ 五、产前增强大腿肌肉力量

增强孕妈妈大腿肌肉的力量，可使大腿及骨盆更为灵活，使两腿在分娩时能很好地分开，且能改善孕期女性身体下半部的血液循环。

具体方法如下：盘腿坐下，保持背部的挺直，两腿弯曲，脚掌相对并使之尽量靠近身体，双手抓住同侧脚踝，双肘分别向外稍用力压迫大腿的内侧，使韧带伸展。这种姿势每次保持20秒，重复数次。

### ▶ 六、产前锻炼腹部肌肉

孕妈妈躺在床上，立起双膝并微微张开，右手放在下腹部，左手放在头下。保持腰背部不离开床面，然后按照从耻骨到头的顺序慢慢地抬高。一边吸气一边恢复到原来的姿势，然后反复做数次。

孕妈妈背靠着垫子、立起膝盖坐着，两脚张开比肩膀稍宽。像要低头看下腹部似的，按照由腰到背的顺序弓起身体，压紧靠垫，一边吸气一边恢复到原来的姿势，反复做数次。

### ▶ 七、练习分娩时的用力方法

孕妈妈可以每天练习一两次，一边想象婴儿娩出时的感觉，一边练习。具体方法和步骤如下：

仰卧，屈膝，双腿充分张开，脚后跟尽量靠近臀部。

抬起双腿，双手抱住大腿，膝盖以下放松，自然下垂。大口吸气将胸部充满，然后轻轻地呼气，像解大便时那样慢慢地向肛门运气，用力。这时，下颌要抵在胸口上，后背紧紧地贴在床上，用力时不能漏气。不能拱起后背，充分用力后再慢慢地呼气。从吸气—用力—呼气—结束，需要15秒钟以上。注意做这项运动要试着做，一旦动作不当会引起早产。

# 消除生产恐惧心理

临近分娩期，很多孕妈妈会感到紧张和不安，害怕分娩疼痛、胎儿畸形、产道裂伤等。其实，这是为迎接新生宝宝而做的最后冲刺，不妨卸下包祔，轻松上阵。此外，选择顺产还是剖宫产可能是几乎所有孕妈妈都会犹豫的问题。其实，从阴道分娩出宝宝是人类的自然本能，也是最可靠的分娩方式。虽然有些孕妈妈会出现难产的情况，但是95%的胎儿都可以顺利地通过阴道娩出。如果没有特殊情况，建议最好不要选择剖宫产。

孕妈妈可以从以下几个方面来进行自我调控，有效控制对分娩的恐惧。

（1）把对分娩的恐惧转移到别的方面。这是"船到桥头自然直"的想法。不要把分娩当做一件严重的事情来对待，生活中避免和家人谈论分娩这个话题，也不要听过来人的分娩经验。这样做可以暂时转移恐惧，但不能从根本上消除对分娩的恐惧。

（2）正视分娩的恐惧。与家人反复讨论分娩的事情，将可能遇到的各种问题事先想清楚，同时找出每个问题的解决方法。做好分娩前的物品准备，这样就不会临时手忙脚乱，也会帮助稳定情绪。

（3）掌握与分娩有关的知识。人的恐惧大多是因缺乏科学知识胡思乱想而造成的。所以，在怀孕期间，建议孕妈妈看一些关于分娩的书，了解整个分娩过程，以科学的思维取代恐惧的心理。这种方法不但效果好，而且可增长知识。

# 配合医生顺利生产

顺产的好处众所周知，但是有些孕妈妈在临产前还是纠结自己能不能顺产。那么，要想顺产要做哪些准备？孕妈妈自然分娩时，要怎样配合医生才能让整个过程更加顺利呢？

## ▶ 一、顺产准备

（1）适当做运动。孕妇操、孕妇瑜伽等都能使腹部肌肉、腰底和盆底的肌肉得到锻炼，使关节韧带得到放松，这样能够增加产力。

（2）定期做产检。这是为了了解孕妈妈有无影响顺产的产科并发症，确保母婴健康。一般初次产检是在孕3月时开始做，28周内每隔4周做一次产检，28~36周隔2周做一次产检，36周之后每周做一次产检。

（3）放松心态。孕妈妈可以到孕妇学校来听课，了解自然分娩的诸多好处，树立顺产的信心。孕妈妈还可以了解一些产程中的知识，这样有助于克服可能出现的紧张情绪。要相信在医生、助产士的协助下，一定能顺利地自然分娩。

（4）临产前储备体力。孕妈妈在临产前一定要注意休息，避免疲劳。饮食上可以准备牛奶、巧克力等增加能量的食品。必要时，可适当补充红牛等功能性饮料。

**温馨提醒：**

孕期活动量过少的孕妈妈，更容易出现分娩困难。所以，孕妈妈在妊娠末期不宜长时间地卧床休息，建议多散散步、爬爬楼梯等，以利于分娩。

### ▶ 二、积极配合医生顺利生产

#### 1. 第一产程的配合

第一产程是从子宫出现规律性的收缩开始，直到子宫口开全为止。随着宫缩越来越频繁，宫缩力量逐渐加强，子宫口逐渐开大，直到开全，这时第一产程结束。第一产程所占时间最长，初次生产的孕妈妈第一产程一般需12~16小时。在此阶段，宫口未开全，孕妈妈用力是徒劳的。过早用力反而会使宫口肿胀、发紧，不易张开。此时孕妈妈应做到：

（1）思想放松，精神愉快。紧张情绪直接影响子宫收缩，而且会使食欲减退，引起疲劳、乏力，影响产程进展。做深、慢、均匀的腹式呼吸大有好处，即每次宫缩时深吸气，同时逐渐鼓高腹部，呼气时使腹部缓缓下降，可以减轻痛苦。

（2）注意休息，适当活动。利用宫缩间隙休息、节省体力，切忌烦躁不安，消耗精力。如果胎膜未破，可以下床活动，适当的活动能促进宫缩，有利于胎头下降。

（3）采取最佳体位。除非是医生认为有必要，不要采取其他特定的体位。只要能使孕妈妈感觉阵痛减轻的体位，就是最佳体位。

（4）补充营养和水分。尽量吃些高热量的食物，如粥、牛奶、鸡蛋等，多饮汤水以保证有足够的精力来承担分娩重任。

（5）勤排小便。在保证充分的水分摄入前提下，每2~4小时主动排尿1次。

### 2. 第二产程的配合

宫口开全，胎儿随着宫缩逐渐下降到骨盆底部时，孕妈妈便不由自主地随着宫缩向下用力。经1~2小时，胎儿从开全的子宫口娩出。第二产程时间最短。

宫口开全后，孕妈妈要注意随着宫缩用力。当宫缩时，两手紧握床旁把手，先吸一口气憋住，接着向下用力。宫缩间隙，要休息，放松，喝点水，准备下次用力。

当胎头即将娩出时，孕妈妈要密切配合接生人员，不要再用力，避免造成会阴严重裂伤。

### 3. 第三产程的配合

胎儿生下后，胎盘及包绕胎儿的胎膜和子宫分开，并随着子宫收缩而排出体外。胎盘娩出时，只需接生者稍加压即可。如超过30分钟胎盘不下，则应听从医生的安排，由医生帮助娩出胎盘。胎盘娩出意味着整个产程全部结束，产妇听到了宝宝来到人间的啼哭声。宝宝用嘹亮的哭声宣告产妇已经是一位新妈妈了。

在第三产程，新妈妈要保持情绪平稳。分娩结束2小时内，新妈妈应卧床休息，进食半流质食物补充消耗的能量。一般产后不会马上排便。如果新妈妈感觉肛门坠胀，有排大便之感，要及时告诉医生，医生要排除软产道血肿的可能。如有头晕、眼花或胸闷等症状，也要及时告诉医生，以便及早发现异常并给予处理。

# 陪产准备

准爸爸陪产应该准备好孕妈妈和宝宝的必备用品，做好物质支持。陪产时也应该学会一些技巧，分担孕妈妈分娩时的痛苦。

现在有很多医院实行家庭化分娩，产妇家属可以陪伴产妇分娩。产科专家高兴地看到，丈夫陪产可大大增加妻子的信心和安全感，使产妇的剖宫产率明显降低。

分娩的心情是喜悦的，但是，分娩的辛苦是可想而知的。现代社会，越来越多的男人把分娩看作是夫妻两人必须共同面临、度过的历程。许多准爸爸们不愿在孩子的成长过程中缺席。从宝宝在妈妈的肚中孕育开始，他们就希望有参与的机会；对于宝宝的诞生，他们更不愿意袖手旁观。

其实，男性参与分娩活动，除了给产妇提供强有力的支持外，也会加深对生命意义的体会。那么，准爸爸在产程中，应该怎样分担妻子分娩的重任呢?他们究竟可以做些什么呢?

### ▶ 一、陪产前

准爸爸要做好必要的物质支持。

**1. 孕妈妈住院用品**

（1）洗漱、梳妆用品：漱口杯、牙刷、牙膏、肥皂、梳子、护肤品、镜子、脸盆等（视个人需要而定）。

（2）毛巾：擦脸、身体和下身的毛巾多条；擦洗乳房的方巾多条。

（3）消毒卫生巾、卫生纸、一次性内裤。

（4）衣物：棉内裤2~3条；哺乳胸罩2条；宽松背心2件；便于哺乳的前扣式睡衣或开襟衫；束腹带1条；长保暖外套1件；舒适拖鞋1双（如果春、秋、冬可备棉袜）。餐具：杯子、汤匙、盆、碗、吸管。吸奶器。

（5）食品：可备一些巧克力或饼干，以备不时之需。

（6）其他用品：手表、电话；录音、录像、拍照设备；日记本；笔；音乐播放设备。

（7）身份证、医保卡、复诊卡、孕妇健康手册、产检记录、住院押金等。

2. 婴儿用品

（1）棉质内衣：最好是无领、无纽扣、系带子的内衣，便于穿和脱。新衣服最好先用水过一下，再在太阳下晒干后使用。

（2）连衣裤：最好是前面开口的。夏天单的即可，春、秋天要备夹的，冬天应有棉的。

（3）纸尿裤或者尿布、隔尿床垫；棉花棒，眼、耳、鼻、肚脐的护理；浴巾、浴盆、水温计、护肤品、洗衣液。

（4）给宝宝喂奶时垫在下巴处的方巾或白纱布多条。

（5）纸巾：湿纸巾及白纱布条都可擦屁股用。

（6）脸盆：2个，洗脸和洗屁屁用。

（7）帽子、手套、脚套，外衣视季节准备2套。

（8）被褥：尿湿有备用替换；毛巾被、外包小被（视季节定厚薄）

（9）奶瓶2个。玻璃奶瓶可煮沸消毒，易洗刷。塑料奶瓶重量轻，不易破碎，携带方便。同时准备奶瓶刷、奶嘴刷；准备2~3个奶嘴替换使用；选好品牌的奶粉给宝宝备用。

（10）指甲刀、消毒锅、暖奶器。

去医院时，准爸爸还可以带上一些能让孕妈妈感到心理安慰的东西，比如她喜欢的娃娃、衣服、小摆设等，让她即使在医院里，也能感受到家的温馨。另外，准爸爸还需为孕妈妈准备好第一产程中可能需要的食物（巧克力、牛奶、面包、粥等）、水，关照她饮食，使之保持充沛的体力。

### ▶ 二、准爸爸做好"心理备课"

告诉自己待产是一场"持久战"，自己要做好打持久战的准备。别忘了给自己带上干净的衬衣、舒适的鞋、足够吃饱的点心，带上一两本漫画书或笑话书，为自己和孕妈妈的交流预备谈资。

不要在意孕妈妈的"拒绝"。有时，孕妈妈可能会变得急躁易怒，变化无常。比如，她可能因分娩之痛迁怒于你；再比如，她刚才还很享受你的按摩，这会儿却又讨厌你的触摸；刚才她还乐于听你讲笑话，这会儿又嫌你啰唆。不要对此太在意，因为产妇只是在对正在经历的疼痛做出反应而已。

清楚自己的能力，做自己该做的事。准爸爸没必要插手医护人员的工作。放心让医护人员去做他们的工作，准爸爸只要集中精力安抚好孕妈妈的情绪就好了。

### ▶ 三、"开口期"准爸爸的工作

开口期主要是指孕妈妈未上产床前，在家中和待产室中度过的整个待产过程。对初产妇来说，"开口期"长达10~20个小时。因此如果家离医院很近或交通上没有什么问题，分娩的早期在家里度过，产妇精神上的压力要小得多。准爸爸可以在这一时期督促孕妈妈补充一些营养可口的食物以储备体力，用被子和枕头做靠垫，让孕妈妈调整到最舒服的姿势，或者带孕妈妈就近散散步。可以用笑话来缓解孕妈妈对产痛的恐惧。初产妇的宫缩变得有规律，即差不多每10分钟一次的时候，再进入医院的待产室也不迟。准爸爸要了解产妇所期待的"速战速决"的心理，稍微推迟进入待产室的时间。

### ▶ 四、进入待产室之后，准爸爸的工作

（1）补充水分和食物。由于这一阶段孕妈妈的阵痛感受尚未达到高峰，多准备些产妇喜爱的食物，如鸡汤面、花色粥、蛋饺面、乌鱼面等，可以帮助孕妈妈有足够的体力面对生产。也可以准备一些如猪肉脯、牛肉干、巧克力等高能量、小体积的零食为产妇加油。同时要随时询问孕妈妈是否口渴，及时为她补充温开水。最好在水杯中附上一支长吸管，这样方便孕妈妈在半躺卧的状态下摄取水分。

（2）认真观察子宫收缩与胎儿的心跳。准爸爸可以观察床边的胎音以及阵痛监测器，来了解母体与胎儿的状况。有心的准爸爸，还可以准备一个本子，记录每小时中出现的阵痛次数和胎心音监测结果，提供给助产士做参考。

（3）协助孕妈妈如厕。有些孕妈妈会害怕出现电影上的状况：把孩子生在了便桶里。这种臆想加剧了如厕时的紧张。准爸爸可以搀扶她如厕，告诉她这种恐慌是不必要的。

（4）协助更换产垫。在待产过程中，护理人员会在孕妈妈的臀部下方垫上一层产垫，保持被褥的清洁。在待产过程中，随时可能出现下体出血或大量流水的状况，准爸爸要随时观察产垫的状况，一方面是提醒护理人员来更换，另一方面也是监控产妇是否"破水"。一旦产妇身下有大量液体流出，可能是羊水已破，医护人员将尽量缩短产程来确保胎儿安全。破水与未破水的处理方法是不一样的，这一点准爸爸要牢记。

（5）轻轻按摩减痛。有针对性的按摩可以大大缓解孕妈妈的痉挛式产痛和坠酸式产痛。准爸爸可以依次按摩孕妈妈的脊椎、尾骨、大腿内侧、腹部、臀部、头、颈、上臂以及双脚。按摩脊椎时，先将两指张开，顺着脊椎两侧下滑数次；再用拇指指腹，沿着脊椎两侧下滑数次，之后用拇指指腹，沿着脊椎两侧，一节一节轻轻按压。在孕妈妈的阵痛来临时，以手

掌贴住尾骨部位，抵紧片刻后以轻轻画圆的方式按摩。大腿内侧也可画圆按摩，这可以避免腿部痉挛，并放松会阴。而在阵痛间隙，可让孕妈妈趴在床边，由准爸爸替她按摩臀部；然后仰卧放松，用从外向里的打圈方式按摩腹部。准爸爸还可以轻柔地按摩孕妈妈的头、颈、上臂和水肿的双脚，这都有利于产妇恢复体力来迎接下一波阵痛。

（6）提醒孕妈妈以正确的方式呼吸。正确的呼吸方式可以帮助产程顺利进行，减少宫缩时的疼痛。在宫缩5分钟一次的"规律产痛"来临前，应采取慢而深的呼吸；而在宫缩规律而频繁之后，要采取短而快的呼吸方法。而在子宫开全前1小时，即宫口开到8到10指之间时，可换用先快速呼吸4次、后快速吹气1次的节奏，并维持此节奏直到上产床。

### ▶ 五、"娩出期"准爸爸的工作

（1）准爸爸准确站位，并随时告知产妇分娩的进程。准爸爸的站位应以不妨碍医护人员行动为条件，站在产妇的左侧方较好。因为产妇看不见胎儿娩出的情况，而且产妇到这一阶段多半在"精疲力竭"地冲刺，因此鼓励性的话语必不可少："我看到宝宝的头了，他想出来！""还差一点点！你做得很棒！咱们就要成功了，握着我的手！再来一次。"

（2）坚持小范围的按摩。在这一阶段，按摩产妇的手和脚，哪怕是单侧的按摩，都能对产妇的情绪起到很好的安抚作用。

（3）辅导产妇用力。准爸爸这个"贴身教练"一定要辅导产妇准确地应对阵痛，让她睁开眼睛看肚脐，收缩下巴，将嘴巴紧闭，依靠腰背部下坠和脚跟踩踏的力量将胎儿娩出。准爸爸不妨轻拍孕妈妈的手臂和肩膀，让她尽量在阵痛间隙放松，然后伴随下次宫缩，手握产床旁边的把杆，将力量汇聚到下半身。

（4）补充水分。在娩出过程中，产妇大汗淋漓，消耗了相当多的体力，准爸爸不妨用棉棒蘸上温水，擦拭产妇的双唇，以补充水分。

（5）提醒莫忘呼吸方式。这一阶段准爸爸要提醒孕妈妈以正确的方式呼吸，大口吸气后憋气，往下用力，吐气后再憋气，用力直到宫缩结束；而当胎头娩出 2/3或产妇有强烈的便意时，要哈气，即嘴巴张开，全身放松，像喘息般急促呼吸，切不要用力过猛，以免使会阴严重裂伤。

### ▶ 六、"后产期"准爸爸的工作

后产期是指胎盘娩出的时期。这一时期阵痛已弱，母子平安，准爸爸也可以舒一口气了。

（1）拍摄整个迎接新生命的过程。包括剪断并结扎脐带、过磅、护士向产妇展示新生儿性别、护士填写出生卡片，给孩子脚上套辨别卡片，孕妈妈欣慰的笑容等，作为珍贵的留念。

（2）继续观察陪伴新妈妈。千万不要在胎盘一娩出，就出去放松一下。六成以上的产后大出血会发生在产后1小时内。因此，新爸爸继续跟到观察室监护约30分钟，预防意外发生，就显得十分重要。这一时期，孩子已被送去清洗包裹，夫妻静静相对，说一些安慰和感激的话，对彼此的感情升华十分有用。

（3）协助哺喂母乳。自然分娩的孕妈妈，在产后半小时内就会接手照料宝宝的任务。此时她已耗尽体力，可能连把孩子抱持过来吸吮母乳的力气也不够了，爸爸可以在一旁协助孕妈妈哺喂母乳。

# 什么情况适用剖宫产

### ▶ 一、胎儿窘迫

胎儿窘迫可能发生在妊娠的多个时期，特别是后期及阵痛之后。胎儿窘迫的原因很多，如脐带绕颈、胎盘功能不良、吸入胎便，或是产妇本身有高血压、糖尿病、子痫前症等并发症。通过胎儿监视器看到胎儿心跳不好，或是超声波显示胎儿血流有不良变化，说明有胎儿窘迫现象。如果经过医师紧急处理后胎儿窘迫状况仍未改善，则应该实施剖宫产，迅速将胎儿取出，防止发生生命危险。

### ▶ 二、产程迟滞

产程迟滞是指产程延长，通常宫颈扩张的时间因人而异，但初产妇的宫颈扩张平均时间比经产妇的长，需12～16小时，超过20小时称为产程迟滞。通常造成产程迟滞的原因，有可能是子宫收缩力量的异常、胎儿身体或胎位或胎向异常、产妇产道异常等。如果有明显的产程迟滞情况发生，却仍然勉强选择经阴道分娩，可能会对胎儿或母体造成伤害，因而必须实施剖宫产手术。

### ▶ 三、骨盆狭窄或胎头与骨盆腔不对称

产妇如果有骨盆结构上的异常，比如小儿麻痹患者、有骨盆骨折病史、身材过于娇小或侏儒症患者，由于骨盆出口异常无法让胎儿顺利通过，故应该采取剖宫产。胎头与骨盆腔不对称是相对的。即使产妇本身的骨盆腔无异常也不狭窄，但胎儿的头太大，无法顺利通过产道，也必须实施剖宫产。

### ▶ 四、胎位不正

初产妇胎位不正时，应以剖宫产为宜。一般而言，初产妇若在足月时已经确认胎位不正，可事先安排剖宫产的时间；但如果是阵痛开始后才发现胎位不正，可能要直接安排紧急手术。不过，若胎位为臀位，并且产妇本身有顺产的意愿，仍然可以利用各种助产方法尝试。但臀位阴道分娩具有较高的危险性，因此要和主治医师讨论其优缺点才可实施。

## ▶ 五、多胞胎

如果产妇怀的是双胞胎，且两个胎儿胎位都是正常的，可以尝试顺产。但若是三胞胎或更多胎的怀孕，建议优先考虑剖宫产。

## ▶ 六、胎盘因素

胎盘的位置及变化与分娩方式也有关系。比如胎盘位置太低，挡住了子宫颈的开口，前置胎盘或是胎盘过早与子宫壁剥离而造成大出血等，都宜实施剖宫产。

## ▶ 七、子宫曾做过手术

如做过子宫肌瘤切除术、剖宫产等手术，由于子宫壁上面有手术所留下的瘢痕组织，而这些瘢痕组织的确会增加子宫在阵痛时破裂的危险概率，大多也应安排剖宫产。

## ▶ 八、母体不适合顺产

如果母体本身有重大疾病，比如子痫前症或严重的内科疾病（心脏病等），经医师评估无法顺产者，也需要选择剖宫产。

## ▶ 九、胎儿过大

体重等于或超过4千克的胎儿为巨大儿。产前检查时，如果产科医师评估胎儿体重可能大于4千克，能以自然生产方式娩出的机会很小时，也可以安排剖宫产，以避免发生难产。

分娩是一个正常、自然的过程。请孕妈妈们相信自然的力量和自己的潜力，坚定信心去体验一位母亲的完整经历。当你经历过这段历程后，你会为自己的坚强和勇敢感到骄傲。

# 剖宫产前孕妇应做好什么准备

有的孕妈妈是因为不愿忍受分娩的疼痛而选择剖宫产，有的孕妈妈是因为自身或胎儿的情况不允许而选择剖宫产。无论孕妈妈是出于什么原因选择了剖宫产，都应该清楚，剖宫产存在大出血、羊水栓塞、伤口感染等很多的风险。这也就要求孕妈妈在做剖宫产前做好充足的准备，将剖宫产的危害降到最低。

### ▶ 一、手术危险性评估

手术既是实施治疗的措施，又是发生创伤的过程。因此，手术前应对麻醉的危险性进行充分评估，以保证手术的安全。

### ▶ 二、心理准备

据调查，手术前60%的病人对手术存在疑虑；50%以上的人对手术非常恐惧；31%～38%的人担心手术有损健康或危害生命；17%的人对麻醉存在恐惧；12%的人顾虑手术后的疼痛、呕吐，难以忍受。

手术前孕妈妈最常见的心理反应是由于恐惧而引起的焦虑。随着手术期的临近，孕妈妈的心理负担日益加剧，产生既希望早日手术，又企图放弃手术的复杂心理变化。

术前轻度焦虑反映了孕妈妈正常的心理适应能力，重度焦虑则对手术及其愈后不利。因此，应全面了解、正确引导和及时纠正这些异常的心理变化，缓解孕妈妈焦虑不安的情绪，增强其迎接新生命到来的信心。

### ▶ 三、机体的准备

良好的术前准备是提高孕妈妈对手术的耐受力，降低术后并发症的重要条件，机体准备主要有：① 纠正贫血和出血倾向；② 维持水、电解质和酸碱平衡；③ 改善营养状况和低蛋白血症。

孕妈妈术前要做一系列检查，包括体温、脉搏、呼吸、血压、既往病史、血型、肝功能、HIV病毒、丙肝、梅毒，以确定孕妈妈和胎儿的健康状况。剖宫产手术准备住院时间由医生根据胎儿情况决定，按约定时间在手术前一天住院，以接受手术前的准备。术前测生命体征，听胎心，胎心在120～160次/分钟为正常。

### ▶ 四、手术前禁食

麻醉最严重的并发症就是呕吐及反流，使胃内容物误吸入气管内，引起机械性气道阻塞，导致病人死亡。因此，准备剖宫产的孕妈妈在手术前禁食是非常重要的。通常需要孕妈妈在手术前4个小时就开始禁食，以防止在手术中发生不测。

手术前夜晚餐要清淡，午夜12点以后不要再吃东西，以保证肠道清洁，减少术中感染。

### ▶ 五、手术方案的准备

手术方案的设计是术前准备的重要环节。手术方案包括手术时间、麻醉方法、切口选择和手术方法。

所以，选择剖宫产的孕妈妈，要认识到剖宫产的危害所在，但是也不要过于担心。为了剖宫产的顺利，孕妈妈要调节好自己的心理，配合医务人员，做好手术方案的准备、孕妈妈机体的准备以及术前的禁食工作，确保剖宫产手术的顺利进行。另外，还是建议，孕妈妈在一切条件都允许的情况下，尽量选择风险小的自然分娩，确保孕妈妈和宝宝都能平安、健康。

# 胎位不正怎么办

胎位，是指胎儿在子宫内的位置与骨盆的关系。正常的胎位应该是胎头俯曲，枕骨在前，分娩时头部最先伸入骨盆，医学上称之为"头先露"，这种胎位分娩一般比较顺利。除此之外的其他胎位，就是属于胎位不正了，包括臀位、横位及复合先露等。

通常，在孕7个月前发现胎位不正，只要加强观察即可。因为在孕30周前，胎儿相对子宫来说还小，子宫内羊水较多，胎儿有活动的余地，会自行纠正胎位。

若在妊娠30~34周还是胎位不正时，就需要矫正了。

孕妈妈通过膝胸卧位操，可以自行在家进行矫正。孕妈妈排空尿，松解腰带，在硬板上俯撑，膝部要尽量接近床面。每天早晚各1次，每次做15分钟，连续做1周。然后去医院复查。

这一方法可使胎臀退出盆腔，借助胎儿重心改变，使胎头与胎背所形成的弧形顺着宫底弧面滑动而完成胎位矫正。

# 正确的胎教应如何进行

每位妈妈都希望自己的宝宝聪明一点，因此把宝宝的智力开发提前到了胎儿时期。然而如何正确地进行胎教却是困惑宝妈妈们的一大难题。其实，让肚子里的宝宝有一个良好、愉快的成长环境，让胎儿获得充足的营养，充分感受到妈妈、爸爸的爱意，这就是正确的胎教。胎教还是越自然越好，不必非得追求花多少钱、买多少音像制品。

### ▶ 一、环境胎教——给胎儿一个良好的成长环境

1~4月是胎儿的快速成长期。这个时期，神经系统和循环系统、眼睛、耳朵、肺等开始形成，这也是胎儿手脚发育的重要时期。

胎教的基础是营养，其次是良好的环境。在整个孕期，孕妇都要尽可能避开污染，如二手烟、汽车排放的尾气等。

其次要注意营养均衡，按照医生的嘱咐添加营养，避免摄入或尽量少摄入咖啡、可乐等刺激性的食品、饮料。

### ▶ 二、音乐胎教——选择安全有效的胎教设备、科学的胎教课程

在4个月之前，胎儿只能感知轻微的振动，还听不到任何声音。到4个月时，胎儿的听觉系统已经开始发育。在5个月的时候，胎儿的听觉逐渐发达，可以分辨妈妈的声音和周围的响声。这个时候可以使用专业的胎教设备配合科学的胎教课程，对宝宝进行音乐胎教，促进宝宝发育。

孩子在肚子里，睡眠的时间多，清醒的时间少。胎教时间不宜过长，每天3次，每次10~20分钟就可以了。

胎教音乐不能超过60分贝，以刚好听清楚为宜，并且感觉不刺耳。使用的胎教设备要带有安全音量控制功能才能保证胎儿听觉系统不受伤害。胎教内容要系统，按胎儿发育周期科学设计，不能随意拼凑。

4个月以后，孕妈妈最好不要长期待在环境嘈杂的地方，比如迪吧、KTV、建筑工地等。因为胎儿的听觉系统正在发育，刺耳的声音会损害胎儿的听觉，导致先天性耳聋等严重后果。

## ▶ 三、语言胎教——爸爸的声音很重要

孩子最喜欢妈妈的声音。孕妈妈也不一定要有很好的歌喉，尽管唱给胎儿听就好。这样胎儿可以熟悉妈妈的声音，增强双方的感情交流。

爸爸说话比妈妈更管用，因为男性的声音有穿透力，比女性的声音更容易穿透腹壁进入到胎儿的耳朵。可以让胎儿多听听爸爸的声音。由于神经系统发育，胎儿也能开始感受到妈妈的情感，所以这时候，爸爸妈妈千万不要吵架，否则会给胎儿造成不良的心理影响。

## ▶ 四、抚摸胎教——别吓到宝宝

胎儿在4个月的时候，已经渐渐产生了触觉；在8个月的时候，胎儿的身体发育就基本成型了。这时候，胎儿可以依自己的意愿活动身体，也开始对外界的声音、触摸有了反应，妈妈摸着肚子可以感受到胎儿的身体，也可以感知胎儿的动作和情绪。在坚持音乐胎教的同时，孕妈妈可以辅以抚摸胎教，给宝宝以舒适的感受。

做音乐胎教同时，孕妈妈可以一边轻轻地抚摸腹部，一边跟胎儿说话："宝宝你好乖，来让妈妈抚摸一下。"抚摸胎教的时间也要掌握，一次大概在10分钟左右即可。

不管在做哪种胎教，胎儿都会有反应，或高兴，或不满。胎儿高兴的时候，会有规律地温柔地动；如果不满，就会无规律地抖动。胎儿不满的时候，孕妈妈就要检查胎教方法是否正确了，并及时调整过来。

虽然可以摸到孩子的多个部位了，可准父母别猛然把孩子的手脚捏住，这样容易让胎儿受到惊吓，影响发育。如果胎儿没动静，可能是处于睡眠状态，不要为了胎教，拍打肚皮，把胎儿吵醒。

胎教不只是对胎儿进行音乐刺激，也包括孕妈妈积极的心态和愉悦的心情对胎儿的正面影响。孕妈妈保持心情愉快，听喜欢听的音乐，在阳光灿

烂、空气新鲜的地方散步等都是科学自然的胎教。而将为人父母的双亲对胎儿的亲切话语也是一种良好的胎教。

宝宝的聪明、健康是关系到家庭幸福的大事，准爸爸、孕妈妈应当谨慎行事，正确判断，让宝宝健康成长。

# 孕妇学校讲授什么

（1）孕期相关概念。

（2）出生缺陷预防。

（3）各个时期孕检。

（4）孕期营养。

（5）临产前的准备和临产症状的识别。

（6）孕期注意事项。

（7）产程中常见问题的处理。

（8）分娩镇痛：产痛到底有多痛；分娩镇痛的历史和现状；分娩镇痛方法如何划分；镇痛方法如何选择。

（9）产褥期：产褥期身体变化；产褥期生命体征变化；产褥期饮食营养注意事项；坐月子注意事项。

（10）新生儿护理：新生儿常见生理现象；新生儿日常着装；新生儿喂养注意事项。

（11）母乳喂养：母乳喂养的好处；什么是按需哺乳；分娩后早吸吮的重要性；喂奶姿势及注意事项；宝宝含接姿势及注意事项；怎样才能做到奶水充足。

# 孕妈妈患病如何治疗

做孕妈妈是幸福的，做孕妈妈也是众多已婚妇女所渴望的。高高隆起的腹部展示着母性的美。孕期是女人一生中的一个特殊时期，需要特殊对待。孕期发生的疾病也不能按照平时的方法治疗。最好的方法就是预防，预防的对象主要有下面8种常见的孕期疾病。

## ▶ 一、孕期失眠

### 1. 内分泌失调

由于妊娠反应及对于饮食营养的要求，孕妈妈饮食习惯会发生一定的改变，导致一些孕妈妈很难适应，使睡眠质量受到影响。其食物中的饱和脂肪，会改变女性体内的荷尔蒙分泌，造成很多身体不适的症状。孕期避免食用油炸食品、咖啡、茶等容易引起压力的食物。

### 2. 睡姿不舒服

专家建议孕晚期最好采取左侧卧姿势，以免子宫和胎儿压迫到下腹静脉，造成血液回流不畅，使得回心血量减少，因而血压不够，影响孕妈和宝宝的安全。但不是所有孕妈妈都习惯左侧睡，所以为了避免睡眠不好，应该在怀孕早期就要适应左侧睡。

### 3. 尿频影响睡眠

怀孕后期因为子宫体积变大压迫膀胱，膀胱容量变小，孕妈妈出现尿频现象，夜尿增多。这严重影响了孕妈妈的睡眠质量，导致孕妈妈睡眠不足。

### 4. 心理精神影响

精神卫生科专家认为，孕妈妈心情的变化是由激素分泌变化导致的。孕妈妈在心理和精神上都比较敏感，对压力的承受力也会降低，加上对腹中胎儿的担心，很容易引起情绪不稳定，因此常常会有抑郁和失眠的发生。

为了您和宝宝的健康，一定要学会调节心情，保证足够的睡眠。准爸爸也要给予孕妈妈更多的关心、理解与爱护。

### ▶ 二、孕期感冒

孕早期孕妈妈呼吸功能发生改变，耗氧量增加。为满足孕妈妈及胎儿需氧量，孕妈妈肺通气量增加，加上孕妈妈鼻、咽、气管等呼吸道黏膜充血、水肿，易发生上呼吸道感染。

一般症状较轻的感冒，如流鼻涕、打喷嚏，对胎儿影响不大，也不必服药，休息几天就会好的。怀孕5~14周是胎儿胚胎器官发育形成时期，此期间若患流行性感冒，且症状较重，则对胎儿影响较大。并且，怀孕初期体内酶有一定的改变，对某些药物的代谢过程有一定的影响。药物不易降解和排泄，可能发生蓄积性中毒。在孕早期胎儿器官形成时服药，药物对胎儿有一定的影响。但如果感冒引发继发性感染，那对胎儿、母体的影响远远超过药物的影响。这时，就应权衡利弊，在医生指导下，合理用药。

孕期前3个月应该尽量避免服用一切药物。如果感冒了，用药选择上一定要慎重。如四季感冒灵胶囊、风寒感冒颗粒、风热感冒颗粒等药可以服用。吃药前一定看说明书，如果说明书上注明孕妇慎用或者禁用的一定不能服用。

> **孕期感冒预防：**
>
> （1）勤洗手，不用脏手摸脸。
>
> （2）高蛋白、高脂肪、高糖分食物会降低人体免疫力，所以为预防感冒饮食应荤素搭配，注意营养均衡。
>
> （3）爱吃咸食的孕妈妈易感冒。钠盐的渗透作用抑制上皮细胞功能，降低干扰素等抗病因子的分泌，增加病毒入侵上呼吸道黏膜引

起感冒的风险。所以孕期应该饮食清淡。

（4）足部受凉易感冒。足部受凉反射性引起鼻黏膜血管收缩，使人容易受到病毒侵染。

（5）精神紧张及爱发愁者易患感冒。情绪低落，人体免疫力会降低，容易感冒。

（6）红糖姜水可以预防感冒。

（7）多吃含锌食物可预防上呼吸道感染，瘦肉、花生米、葵花籽、豆类等食品含有丰富的锌。

（8）多喝白开水可预防感冒。每天保证600~800毫升的水，预防感冒及咽炎。

### ▶ 三、皮肤瘙痒

怀孕期间出现皮肤过敏是正常的妊娠反应。女性怀孕后受激素变化的影响，经常会出现短期过敏性皮肤炎症，但不会对胎儿造成影响。如果孕妈妈出现皮肤瘙痒等症状，医生一般会建议停用所有的化妆品。洗澡时，只用清水冲洗，少用或不用沐浴露、肥皂等。怀孕初期容易出汗，不少孕妈妈因为洗澡过于频繁，或者身上残留沐浴露等因素引发皮肤瘙痒。

**孕期皮肤瘙痒预防：**

（1）皮肤不能清洁过度，不要用澡巾、毛巾过度搓洗。

（2）不要过量使用清洁剂。大部分皮肤清洁剂都是偏碱性的，但是人体皮肤需要一个微酸的环境，长期使用碱性皮肤清洁剂会使皮肤瘙痒。

（3）饮食上可以增加猪蹄、果仁的摄入。到了孕晚期由于皮肤过度紧绷会出现妊娠纹而使皮肤瘙痒。

（4）沐浴水温不宜过高，水温过高会加重皮肤瘙痒。

（5）皮肤瘙痒，用手抓后出现皮疹，如果伴有手心、脚心瘙痒，应该去医院就诊。如果胆酸过高，会造成胎盘功能下降，对胎儿产生不利影响。高危妊娠患者必须遵从医嘱，酌情住院治疗、随诊及监测。

（6）如果发生皮肤瘙痒数日至数周后出现黄疸，表现为皮肤及巩膜发黄，并可伴有轻度恶心、乏力、腹泻及腹胀等症状，切勿疏忽大意，一定要及时去医院诊治。

## ▶ 四、孕期腹泻

孕妈妈由于体内激素分泌发生变化，胃排空时间延长，小肠蠕动减弱，极易受外界因素影响而腹泻。

（1）感染原因：细菌、病毒感染。

（2）饮食原因：食用了变质食物、饮食习惯不良、食用海鲜过敏等引起。

（3）其他慢性疾病引起，如肠炎、结核、甲状腺疾病等。孕期疾病要引起足够的重视，但不用过度紧张。不同病因引起的腹泻，应区别对待。去除病因，换流质、易消化食品。

非感染因素引起的腹泻一般不需用药，只需口服加少量盐和糖的米汤，补足因腹泻丢失的水分和电解质即可。密切观察胎儿的情况，如有异常必须马上就医。如果腹泻严重应该就医，根据医生指导服用一些相对安全的药物，不能自行服药，治疗腹泻的大多数药物都会对胎儿发育有影响。

## ▶ 五、孕期贫血

孕期对铁的需求量明显增加，再加上大部分女性在怀孕开始时都没有储存足够的铁，这是孕妈妈贫血的主要原因。

（1）一般来说，如果贫血不是很严重，可以通过多吃富含铁的食物、口服铁剂就可以了，如果严重的话要去就医。

（2）孕妈妈要改善饮食，多吃含铁的食物，如动物的肝脏、血、蛋黄等。蔬菜含铁量相对较低，但是新鲜的绿色蔬菜含有丰富的叶酸。叶酸参与红细胞的生成，辅助造血。叶酸如果缺乏，也会造成贫血。因此孕妈妈既要摄入一定数量的肉类，也要食用新鲜的蔬菜。

**孕妈妈贫血吃什么好：**

（1）动物的血和肝脏：含有丰富的铁、维生素A、叶酸等，能够促进身体对铁的吸收。

（2）新鲜的蔬菜：虽然含铁量较低，但是有丰富的叶酸。叶酸参与红细胞的生成，辅助造血。叶酸缺乏也会造成细胞贫血。

（3）黑色食物：黑色的食物如黑芝麻、黑木耳、黑豆等，含铁比较丰富，可以起到补血作用。

（4）孕妈妈后期多食高蛋白食物。后期胎儿发育较快，只要孕妈妈1周内体重增加不超过1千克，就应该大量食用高蛋白食物，如鱼类、蛋类、牛奶、瘦肉、豆制品等，但是要荤素结合，蔬菜、水果的补充也要跟得上，以免过量食用油腻食物而伤胃。

（5）由于孕妈妈对铁需求量很大，日常膳食补充未必能满足所需。因此，孕妈妈缺铁性贫血还应该根据医生建议，适当服用安全、合适的补铁产品。

## ▶ 六、孕期痔疮

痔疮一般在孕晚期出现。孕晚期，胎儿长大，子宫压迫静脉，造成血液回流受阻；再加上怀孕期间盆腔内供血增加，盆腔组织松弛，导致痔疮发生和加重。

痔疮会引发疼痛、便秘、贫血、中毒等症状。痔疮用药大多含有麝香等活血药物，一定要在医生指导下才能使用。

可以采用物理治疗来缓解疼痛。

（1）冰敷：每天用冰袋对长痔疮的部位冰敷几次，缓解肿痛。注意冰袋与皮肤接触部位要轻柔，可以用薄纱布裹一下，注意不要冻伤，如果有不舒服的感觉应该马上停止。

（2）用中药热敷。

（3）坐浴：用冰敷后坐浴，可以冷热交替坐浴，一定注意清洁卫生。

（4）便后用柔软、无香味、清洁的卫生纸彻底擦拭干净，动作要轻柔，可以把卫生纸稍微打湿后使用。有色、有香味的卫生纸有刺激性，应该避免使用。

## ▶ 七、妊娠高血压综合疾病

妊娠20周以后易发生妊娠高血压综合疾病，这是孕妈妈和胎儿死亡的主要原因之一。主要表现为高血压、蛋白尿和水肿等症状，严重时出现抽搐、昏迷、心和肾功能衰竭等并发症，容易导致胎儿宫内急性或慢性缺氧，胎儿发育迟缓、死胎、死产或新生儿死亡。目前医学上对妊娠高血压综合疾病的病因不明确。但是，有高血压家族史、营养不良、自身患有免疫性疾病的孕妈妈是高危人群。

目前患有妊娠高血压综合疾病的孕妈妈中，80%左右是轻度的，患者可以无明显症状或仅有轻度头晕，产后大多数都自然痊愈。因此，怀孕期间进行积极有效的生活调理至关重要。

**专家提醒：**

产前检查是筛选妊娠高血压综合疾病的主要途径。妊娠早期应测量1次血压，作为孕期的基础血压，以后定期检查，尤其是在妊娠36周以后，应每周观察血压及体重的变化、有无蛋白尿及头晕等症状。另外，加强妊娠中、晚期营养，尤其是钙质、维生素、铁的补充，这对预防妊娠高血压综合疾病有一定作用。

## ▶ 八、妊娠糖尿病

怀孕期间，随着胎盘的形成，产生了多种拮抗胰岛素的激素，从而使怀孕初期的胰岛素分泌相对不足。如果怀孕初期大量进食甜食和高糖类的水果，则容易引发妊娠糖尿病。血糖过高可能引起胎儿先天性畸形、新生儿血糖过低及呼吸窘迫症候群、死胎、羊水过多、早产、孕妇泌尿系统感染、头痛等。

据相关资料显示，发生妊娠期糖尿病的病人，一大部分是由于饮食不合理、摄入大量含糖食物，如糕点、水果、含糖分的饮料等而导致的。爱吃水果可以，但是量一定要控制。针对这一情况，专家建议，孕妈妈应在怀孕24～28周时到医院进行糖尿病筛查。

对于有糖尿病家族史、年龄偏大或肥胖的糖尿病高危人群，怀孕后应尽早接受糖尿病的筛查，以便及早诊断。一旦确诊为妊娠期糖尿病，怀孕初期应在医生指导下进行饮食、运动调节。如果血糖控制不佳，必须及时接受胰岛素治疗。胰岛素本身不通过胎盘，因此，对母子来说都是安全的。

## ▶ 九、孕期水肿

大多数孕妈妈怀孕初期会出现脚踝和腿部水肿的现象，这与怀孕期间体内的水分增加、盆腔静脉受压、下肢静脉回流受阻有关。如果经过检查无子痫前期的症状，便可视为正常现象，一般在怀孕后期都会好转。

**专家提醒：**

怀孕初期如果因水肿不适，应尽可能抬高腿部，以利于下肢静脉回流。最好能侧躺下来，在小腿处垫一个小枕头，休息半小时。在饮食上，过咸、辛辣、腌制品等食物的摄入要适量，平常可以多喝点具有利尿功效的红豆汤。此外，怀孕初期最好多喝白开水，协助排泄系统把体内的废物排出，但也要注意喝水不要过量。

# 第三部分

## 新妈妈产后必读知识

# 哺乳应注意的问题

## ▶ 一、宝宝出生后多久开始喂奶

母乳是宝宝所需营养物质的完美组合，是婴儿的最佳食物。越早给宝宝喂奶越好。如果情况允许，医护人员会让新妈妈在产房里就开始给宝宝喂奶。虽然这时成熟乳还没有形成，但新妈妈的乳房已经分泌初乳了。初乳能够增强宝宝的免疫力。

## ▶ 二、母乳喂养的方法

### 1. 时间

目前主张产后立即喂奶。正常足月新生儿出生半小时内就可让妈妈喂奶。宝宝吸吮乳头可刺激母体分泌乳汁。另外，早喂奶能使妈妈减少产后出血。

### 2. 方法

正确的喂奶姿势要做到"三贴"：胸贴胸、腹贴腹、下颌贴乳房。另外，还需要做到以下几点才能保证妈妈和宝宝都得到最舒适的感觉。

（1）体位舒适。喂哺可以因人而异、因地而异采取不同姿势，重要的是妈妈应当注意心情愉快，体位舒适，全身肌肉松弛。这样才有益于乳汁排出。

（2）母婴必须紧密相贴。无论怎么样抱宝宝，喂哺时宝宝的身体都应与妈妈身体相贴。宝宝的头与双肩朝向乳房，嘴巴处于和乳头水平的位置。

（3）防止宝宝鼻子受压。喂哺全过程，应保持宝宝的头和颈略微伸展，以免鼻部压入乳房而影响呼吸，同时还要防止宝宝头部与颈部过度伸展造成吞咽困难。

（4）手的正确姿势。把拇指放在乳房上方或下方，托起整个乳房喂哺。除非奶流量过急，宝宝呛奶时，不要以剪刀式手势托夹乳房。这种手势会反向推动乳腺组织，阻碍宝宝把大部分乳晕含进小嘴里，不利于充分挤压乳窦内的乳汁排出。

（5）喂奶前要将乳头洗干净，先挤出几滴，然后再让宝宝吃。

### 3. 哺乳的次数

新生儿出生后就应开始哺乳，按需要不定时喂哺。宝宝出生后的4~8天需频繁哺乳以促进母乳的分泌。对于嗜睡或安静的宝宝，应在白天频繁哺乳，以满足其生长发育所需的营养。

### 4. 夜间喂奶

妈妈产后疲乏，加上白天不断地喂奶、换尿布，到了夜里就非常困倦。夜间宝宝哭闹，妈妈有时会躺着给宝宝喂奶。宝宝吃到奶也就不哭了，妈妈可能又睡着了。这是十分危险的。因为宝宝吃奶时与妈妈靠得很近，熟睡的妈妈即便是乳房压住了宝宝的鼻孔也不知道，这样悲剧就有可能发生。为避免这种事情的发生，妈妈夜间喂奶时最好能坐起。

## ▶ 三、正确的母乳喂养姿势

母乳喂养是妈妈和宝宝之间自然的协作。妈妈的喂奶姿势正确，宝宝含住乳头的方式也正确，母乳喂养对妈妈和宝宝来说都会是一件非常愉快的事（图3-1）。如果你觉得乳头疼痛，或宝宝显得非常烦躁，那可能就说明他吃奶的姿势不正确。找到最适合的喂奶姿势后，还需要确保宝宝正确地含住乳头。等宝宝的嘴充分张开后，再乳头放入他嘴里。一定要让宝宝完全含住乳头，也就是让他的嘴巴含住大部分乳晕。

### 1. 摇篮抱

把宝宝放在妈妈的大腿（或大腿上的枕头）上，让宝宝可以侧面躺着，脸、腹部和膝盖都直接朝向你。把宝宝下面的胳膊放到妈妈的胳膊下面。

摇篮抱往往最适合顺产的足月婴儿。有些妈妈说这种姿势很难引导新生儿找到乳头，所以很多妈妈可能更愿意等到宝宝1个月左右颈部肌肉足够强壮之后，才采用这个姿势。而剖宫产的妈妈可能会觉得这种姿势对腹部的压力过大。

### 2. 橄榄球抱姿

首先，把宝宝面朝妈妈放在妈妈一侧的胳膊下方。宝宝的鼻子在妈妈的乳头高度，双脚伸在妈妈的背后。把妈妈的胳膊放在大腿上的枕头上，用手托起宝宝的肩、颈和头部。另一只手呈C形托住乳房从下至上引导宝宝找到乳头。这种喂奶姿势特别适合剖宫产的妈妈。

### 3. 侧躺

妈妈和宝宝都侧躺在床上，让宝宝面朝你，用妈妈身体下侧的胳膊搂住宝宝的头，把宝宝抱近你。如果宝宝还需要再高一些，可以用一个小枕头把他的头垫高。如果姿势正确，宝宝应该不费劲就能够到妈妈的乳房。在晚上喂奶时使用这个姿势会很方便。

在宝宝未满3个月时最好不采用卧位哺乳。因为小婴儿的头、颈部力量均很弱，一旦妈妈哺乳时迷迷糊糊地睡着了，乳房堵住了宝宝的口鼻而宝宝又没有足够的力量避开，就可能发生意外。只有当孩子4个月后，才具备抬头躲避、用手推开母亲乳房或用身体动作将妈妈惊醒的能力。

摇篮抱

橄榄球抱姿

侧躺抱

斜倚抱

图3-1 母乳喂养姿势

### ▶ 四、坐着喂奶的正确姿势

在给新生儿哺乳时最好采用坐姿。妈妈可以选择一个有靠背的椅子，还可事先准备好一个小板凳。哺乳时可以将喂奶一侧的脚踩在小板凳上以便抬高大腿，这将使妈妈可以不费力地抬高孩子的头部，让宝宝很容易地靠近妈妈的乳房。把宝宝放在腿上，让宝宝头枕着妈妈胳膊的内侧，用手腕托着后背。妈妈用手托起乳房，先挤去几滴宿乳。妈妈用乳头刺激宝宝口周皮肤，待宝宝张开嘴时，把乳头和部分乳晕送入宝宝口中。让宝宝充分含住乳头。用手指按压乳房，这样既容易吸吮，又不会压迫宝宝鼻子。

当宝宝吸得差不多时，妈妈可用拇指和中指轻轻挟一下宝宝。给宝宝喂完奶，把宝宝身体直立，头靠在妈妈的肩上，轻拍和抚摩后背，以排出吞入的空气。

宝宝一次吃奶时间以20分钟左右为宜，最好不要超过30分钟。那种让宝宝叼着奶头睡的方式是不可取的。

### ▶ 五、奶瓶喂奶姿势

给宝宝喂奶，一定要找一个安静、舒适的地方坐下来，必要时用垫子或枕头垫好胳膊。把宝宝放在膝上，使宝宝的头部在妈妈的肘窝里，用妈妈的前臂支撑起宝宝的后背。不要把宝宝放成水平，应该让宝宝呈半坐姿势，这样既便于宝宝吸食，又能保证宝宝呼吸和吞咽安全。

在喂奶前，将奶瓶的奶水向手腕内侧的皮肤上滴几滴，检查一下奶的温度。牛奶不宜过热，也不宜过冷。妈妈应该提前检查好奶的流速。

可以轻轻地触碰孩子靠近妈妈一侧的脸蛋，诱发出宝宝的吸吮反射。当宝宝把头转向妈妈的时候，顺势把奶嘴插入宝宝的嘴内。宝宝会一下子吸住奶嘴，与吸吮人的乳头一样，将整个奶嘴吸入口内。这时需要注意，不要把奶嘴捅得过深，以免呛着孩子。

让宝宝以自己的速度吸食。有时宝宝在吃奶的过程中可能停下来，四处看看，玩一玩奶瓶等，这些都是宝宝应该得到的快乐。从宝宝刚刚学会吃奶时起，就应该让宝宝在吃奶时感到快乐。

妈妈面对着宝宝坐下，正视宝宝的眼睛，对宝宝说话、唱歌等都可以，但一定要保证声音听起来舒服、高兴，一定要对宝宝报以动作、手势和微笑。

喂奶的时候，妈妈一定要保证奶嘴里面充满牛奶，方法是使奶瓶呈一定的角度。如果奶嘴中有空气，会呛着孩子的。

在宝宝吃奶吃到一半的时候，换一下拿奶瓶的手臂，这样会给宝宝一个新的视角，而且妈妈还可以休息一下胳膊。这时也可顺便轻拍宝宝背部使其打一打嗝。

吃完奶后，轻轻而果断地移去奶瓶，以防宝宝吸入空气。这时宝宝也会放开奶瓶。如果宝宝不放开，可以轻轻地把妈妈的小手指塞到宝宝的嘴角，使宝宝放开奶瓶。

## ▶ 六、按需喂养还是按时喂养

现在专家们普遍同意，母乳喂养的宝宝应该按需喂奶，也就是在宝宝想吃奶的时候就喂他。相信你自己的直觉，学会识别宝宝饥饿的信号。新生儿往往一天要吃8~12次奶。而且宝宝夜里也要吃奶，妈妈可能不得不牺牲一些睡眠时间。有时，新妈妈很难弄清楚宝宝是不是吃饱了。妈妈可以留心观察，要是宝宝24小时排尿至少6次，排便至少3次，多半表明他吃到了足够的母乳。如果妈妈担心宝宝没有吃够奶，可以请儿科医生检查一下他的体重增长情况。不过，新生儿的体重可能在出生后的一两周略有减轻，然后再稳步增长。

## ▶ 七、新生儿母乳喂养八大难题

### 1. 喂母乳的姿势

正确的喂奶姿势是，胸贴胸、腹贴腹、下颌贴乳房。妈妈一只手托住宝宝的臀部，另一只手肘部托住头颈部，宝宝的上身躺在妈妈的前臂上，这是宝宝吃奶最感舒服的姿势。

**2. 宝宝衔不住乳头怎么办**

（1）每天用食指、中指、拇指3个手指捏起乳头，向外牵拉，每拉一下至少坚持1秒，每次拉30下左右，每天拉至少4次，在喂奶前拉更好。

（2）用吸奶器吸引乳头，每次吸住奶头约半分钟，连续5~10次，每天至少重复两遍。

（3）让大一点的宝宝帮助吸吮乳头，也可让爱人帮助。

（4）喂奶时用中指和食指轻轻夹住乳晕上方，使乳头尽量突出，也防止乳房堵住宝宝鼻孔。

**3. 乳头护理**

妈妈每次喂奶后，挤少许奶水涂于乳头上，让乳头风干约15分钟，保护乳头。不要拿毛巾用力擦乳头，以免擦伤。不要穿太紧或质地太硬的内衣。带比较宽松的胸罩。用清水轻轻洗或用流动水冲洗乳头最好。若有皲裂，及时治疗。

**4. 乳头错觉**

宝宝出生后，无论有母乳还是没有母乳，都要让宝宝吸吮妈妈的乳头。如果妈妈乳汁不足或暂时不能喂母乳，需要奶瓶喂养时要购买仿真奶嘴。

**5. 乳冲和乳少**

解决乳冲的有效办法，是剪刀式喂哺。妈妈一手的食指和中指做成剪刀样，夹注乳房，让乳汁缓慢流出。生活中少喝汤，适当减少乳汁分泌。有医生建议喂奶前先把乳汁挤出一些，以减轻乳胀。不赞成这样的做法，因为挤出去的"前奶"，含有丰富的蛋白质和免疫物质等营养成分，而"后奶"的脂肪含量较多。若每次都是挤出"前奶"的话，宝宝就多吃了脂肪，少吃了蛋白质等其他营养成分，造成营养不均衡。

### 6.新生儿不吃妈妈乳头

新生儿刚从母腹出来，最初半小时是很关键的。尽快把宝宝放入妈妈的怀抱，让宝宝听到妈妈的心跳，感受妈妈的体温和熟悉的气味。这样宝宝会感到莫大的安慰，会产生再度与妈妈结为一体的心理渴望。这时妈妈把乳房给宝宝，小家伙一定会拼命地吸吮。虽然妈妈的奶汁可能还没准备好，只是少许的初乳，但宝宝最需要的还不是乳汁，而是妈妈的乳房！

### 7.喂奶后妈妈不要倒头就睡

无论什么时候，喂奶后都要竖着抱起宝宝并轻拍背部，待宝宝打嗝后再缓缓放下，并观察几分钟。如果宝宝睡得很安稳，妈妈或爸爸再躺下睡觉。夜晚睡觉时，要开一盏光线暗些的小灯，一旦宝宝溢乳，能及时发现，及时处理。

# 新妈妈奶少怎么处理

传统的育儿观念中，下奶的王牌措施就一条：喝汤！所以有些新妈妈在月子里要喝多种汤。有些使用民间传统做法熬制的汤水还特别油腻，妈妈们喝得都反胃了。但其实仔细一推敲，你就会发现"喝汤下奶"这一说法是靠不住的。

妈妈的乳汁，主要成分是水，大约占80%。除了水以外，就是乳糖、蛋白质、脂肪、矿物质等。乳汁的形成，就是妈妈自身通过循环代谢，把水和上面说的乳糖、蛋白质、脂肪、矿物质等加工为乳汁的过程。妈妈好比一个奶源工厂，利用进来的原料（妈妈的饮食），生产出了成品——给宝宝喝的奶水。

这么一看要想奶水多，有两个方法：一是进来的"原料"要多；二是

"生产线"的速度要快。从第一条来说，妈妈要吃得多、吃得有营养；从第二条来说，要提高产奶速度。那么产奶的速度是什么在控制呢？控制乳腺分泌的主要是催产素和催乳素。

先说"原料"。我们的父辈或爷爷那一辈，生活水准很低，有时吃顿猪肉都算家里的大事。那个时候的产妇下奶，"原料"方面最缺的是营养成分，如蛋白质、脂肪等。因此那个时候的产妇要多吃大鱼大肉，多喝油汤，来补充蛋白质和脂肪。但现在情况不同了，大家的饮食基本都是鱼肉丰富。这个时候产妇要下奶，再喝浓汤就不合适，因为蛋白质、脂肪本来就已经足够，没必要再补。相反，现在妈妈下奶最缺的"原料"是水！所以处于哺乳期的妈妈不用大鱼大肉每天喝汤搞得自己消化不良，而是要均衡营养，然后大量喝水，喝白开水！

再说"生产线"。这个其实比上面说的"原料"更影响现代的妈妈下奶。很多时候，妈妈不是缺"原料"，而是不分泌！那么如何能促进催产素和催乳素的分泌呢？最自然的方法就3条：妈妈心情愉快；让宝宝多吮吸；多按摩乳房！

所以妈妈要想下奶快，不要迷信传统"喝汤"，而是做到以下几点：

（1）多吸吮乳头：妈妈在产后的1周至2个月，主要是依靠婴儿的吮吸刺激来促使垂体促乳素分泌上升。因此产妇在刚刚生产完之后，尽管身心疲惫也要坚持在产后的半小时即给宝宝开奶，让宝宝及早地吸吮乳房，刺激乳房尽快分泌奶水。

坐月子期间，妈妈也要尽量与宝宝同室同床，以便于妈妈经常让宝宝吸吮乳房。新生儿多次不定时地吸吮，可以刺激妈妈分泌释放催乳素，从而增加乳汁的分泌量。

（2）心情愉快：精神因素也影响奶水的分泌。如果妈妈产后一直处于抑郁的状态，那么乳汁的分泌势必会受到抑制。因此产后妈妈要注意保持好心情，不仅仅要忘掉烦恼，还要把家务先抛在脑后。在这个时候休养身体是关键。新妈妈不要总是对宝宝是否吃饱、是否发育正常等问题过多地担心，只有保持精神上的愉悦才能让体内的催乳素水平增高，从而使奶水尽快增多。

（3）乳房按摩：经验表明，乳房按摩是一种非常有效的下奶方法。因此在每次哺乳前，新妈妈可以用湿热毛巾覆盖在左、右乳房上，然后两手掌按住乳头及乳晕，按顺时针或逆时针方向轻轻按摩10～15分钟。

这样的按摩不仅可以减轻产妇的乳胀感，同时还相当于婴儿对乳头的吸吮刺激。而这种刺激可以通过神经传入下丘脑，促进脑垂体催乳素释放，进而促进奶水分泌。

（4）催乳食物：我们还可以通过食疗的方法来促进乳汁的分泌，其中鲫鱼汤就是不错的选择。将新鲜的鲫鱼去鳞、除内脏后，加上通草煮汤，吃鱼喝汤，每天2次，连喝3～5天。

鲫鱼之所以具有下奶的功效，是因为鲫鱼能和中补虚，渗湿利水，温中顺气，从而达到消肿胀、利水、通乳的目的。再加上通草本身就具有通气下乳的功效，与鲫鱼相配，其催乳的效果更加明显。

专家还指出，在日常生活中应该尽早下床活动，适量的运动有助于奶水的分泌。

了解造成奶水不足的原因，才能对症采取措施。

（1）过早添加配方奶或其他食品：这是造成奶水不足的主要原因之一。由于宝宝已经吃了其他食物，并不饥饿，便自动减少吸奶的时间。如此一来，乳汁便会自动调节，减少产量。

（2）喂食时间过短：限制哺喂的次数，或者每次喂食时间过短等，都会造成母奶产量的减少。事实上，哺喂母奶不必有固定的时间表，宝宝饿了就可以吃；每次哺喂的时间也应由宝宝自己来决定。有时候宝宝的嘴离开妈妈的乳头，可能只是想休息一下、喘一口气（吸奶是很累的，有没有听过"使出吃奶的力气"这句话），或是因为好奇心想要观察周围的环境等。

（3）婴儿快速生长期添加其他食物：2～3周、6周以及3个月左右，是婴儿较为快速的生长阶段，此时宝宝会频频要求吸奶。这可说是宝宝本能地在增加妈妈的奶水产量。若在此时添加其他食物，反而会妨碍奶水的增加。

（4）营养不良：妈妈平日应该多注意营养，不宜过度减轻体重，以免影响乳汁的分泌。妈妈最好多食用富含蛋白质的食物，进食适量的液体，并注意营养的均衡。

（5）药物影响：妈妈若吃含雌性激素的避孕药，或因疾病正接受某些药物治疗，有时会影响泌乳量。妈妈在就诊时，应让医生知道正处哺乳期，避免使用这些药物。

（6）妈妈睡眠不足、压力过大：照料宝宝是十分耗费精神以及体力的，建议妈妈应放松心情，多找时间休息。

# 新妈妈积奶早期如何处理

## ▶ 一、什么是产后积奶

处于哺乳期、奶水又比较多的妈妈，一旦宝宝吮吸不完就很容易让乳汁堆积在乳房中，导致"积奶"。

积奶常发生在乳汁过多而授乳方法不当的初产妇。其最初症状是乳房肿胀、疼痛，乳房内有硬块，乳房皮肤表面色泽可正常或微红；还常常伴有发热症状。此时产妇若不能及时将乳汁排出，即有可能导致急性乳腺炎的发生。

## ▶ 二、治疗积奶的偏方

### 1. 梳乳疗法

梳乳疗法是以木梳梳乳房，达到治疗疾病的一种方法。此法简便易行，没有痛苦，民间很多地方都有应用。清代吴尚先在《理瀹骈文》载道："二乳不通，麦芽煎洗，木梳梳乳千遍。"说明此法在我国历史悠久。

（1）操作方法：准备木梳1把，嘱患者正坐，术者坐在患者对面，右手持木梳，左手将乳房轻轻托起，在患处轻轻地梳，每次10～15下。也可由患者自己操作。

还可以先用赤芍20克，夏枯草30克，蒲公英30克，水煎外洗，然后用木梳在患乳上轻轻梳10～15分钟。

（2）注意事项：梳乳时不要用力太大，以免刮伤皮肤。在使用梳乳疗法的同时，最好配合熏洗、药物和外敷等疗法，这样见效更速。乳房肿瘤、乳房溃疡、乳房皮肤疮疖、乳腺炎已化脓者均不宜用此法治疗。

### 2. 口服丝瓜秧水

晒干的丝瓜秧，加水熬15分钟，加入红糖共饮，一天喝三五次。

### ▶ 三、如何有效预防产后积奶

（1）要保证母乳喂养的姿势正确以及宝宝的吸吮方式正确。

（2）哺乳时一定要让宝宝吃空一侧乳房再吃另一侧，若妈妈的奶很充足，宝宝只吃一边就饱了，另一边又很胀，就一定要把胀的一边乳房的乳汁挤掉，以防积奶。同时养成按需哺乳的习惯，不让宝宝含着乳头睡觉。

（3）侧睡与仰躺睡交替进行，切忌趴着睡，以防止挤压乳房引起乳汁淤积。

（4）不戴有钢托的胸罩。妈妈的乳汁会时常不经意地流出，且乳房因有乳汁充盈而下垂。妈妈最好戴专门的哺乳胸罩，以防带有钢托的胸罩挤压乳腺管造成局部乳汁淤积。

（5）要注意自身卫生，喂宝宝前、后最好用清水擦洗，然后用干净的毛巾将乳头擦拭干净，保持乳头的清洁。

（6）产后催奶不宜过急。产后补充营养并不是多多益善，帮助下奶的鱼汤、肉汤或鸡汤一定要根据奶水分泌的多少适量饮用。因为有些新妈妈在开始分泌奶水时乳腺管尚未通畅，而新生儿吸吮能力弱，如果大量分泌乳汁容易造成奶胀结块，给新妈妈带来痛苦。所以，产后进食下奶的食物应从少量开始。

（7）注意饮食调节。宜食清淡而富有营养的食物，多食新鲜蔬菜瓜果，如西红柿、丝瓜、黄瓜、鲜藕、橘子等，忌食辛辣、刺激、荤腥油腻之品。

## ▶ 四、产后积奶怎么办

奶水太多给产后妈妈带来很多不便，特别是乳汁重新分泌时整个乳房像硬石头一样，用手去触摸能感觉到疼痛。专家指出，奶水太多这种现象和产后妈妈的饮食习惯有关系。随着人们生活水平不断提高，特别注意产后的营养补给，所以有些妈妈会由于过度补充营养而出现奶水过多的现象。那么，奶水太多怎么办呢？可以进行以下调节。

### 1. 挤出来

奶水过多常会发生积奶。如果宝宝喝不完，可以把多余的奶水挤出来。有的妈妈会把多余的奶挤出来冷冻在冰箱里，留着断奶以后继续给宝宝吃。但我们不提倡这样做。因为母乳一旦冷冻，营养成分就已经部分缺失。宝宝最好还是喝新鲜的母乳。因此，挤出来的奶可以舍去或给其他奶水不足的妈妈的宝宝喝。

### 2. 热湿敷乳头

奶胀时，妈妈可在哺乳前先热湿敷乳房3~5分钟，然后柔和地按摩，轻轻拍打和抖动乳房，以起到疏通乳腺的作用。之后可用手或吸奶器挤出部分乳汁，使乳晕变软，以便婴儿能顺利地含吮乳头和大部分乳晕。每次哺乳后要将乳汁排空，使乳腺通畅。排空乳汁既可避免乳汁淤积，又可减轻乳房胀痛。哺乳后，要佩戴支持胸罩，改善局部血液循环。

### 3. 注意均衡饮食

在积奶期间，妈妈可暂停或者减少进食如鱼汤、豆腐汤之类的催乳食品。但哺乳期间不建议奶水太多的妈妈食用回奶食物，如麦芽水。这些食物回奶的效果比较好，食用后影响乳汁分泌，可能出现奶水不足的现象。

### 4. 注意清洁

部分妈妈由于奶水太多而出现乳汁溢出来的现象，衣服总是湿淋淋的。此时要注意，潮湿的环境容易滋生细菌。此时可使用一些防溢乳垫，并且注意及时更换，保持乳头清洁干燥。使用防溢乳垫后，在喂奶前要用干净的纱布擦干净乳头，喂完奶后也要清洁乳头，也可以将乳汁涂在乳头上，帮助保护乳头。

另外，错用吸奶器也会导致积奶。这种现象在新妈妈中常见。正确的哺乳方法应是宝宝吃空一侧，再吃另外一侧。一些新妈妈以为，乳房吸不出一滴乳汁才是吃空；一旦发现乳房还分泌乳汁，而宝宝又吃饱了，就用吸奶器排出乳汁。这样会加速乳汁分泌，导致乳房越来越胀，胀到一碰就疼，受不了就再继续频繁使用吸奶器，而且用力不均匀适度。如此循环，排乳过度，极易导致乳汁积聚在乳头下，形成硬结，宝宝就不容易吸出乳汁。

如果吸奶器使用力度过大、过频，还会把被吸奶器压住部位周围的组织吸肿，导致乳头内陷，宝宝根本含不住乳头，无法吸乳。另外，过胀的乳房在睡眠时不注意护理，也很容易受挤压，形成硬结。

其实，只要乳房变软、不发胀，就是吸空了。新妈妈的乳汁都是按宝宝身体所需供应的，不会过多。而且，乳房会自动排乳，不会胀到妈妈难以忍受，这时候无需使用吸奶器，还是尽量让宝宝自己吸出乳汁。

# 积奶导致的乳房感染的处理

哺乳期女性如果不注意乳房的护理，或哺乳不当，很容易患上急性乳腺炎并伴有发烧现象。而一旦患上急性乳腺炎，那么对宝宝的哺乳也会有一定的影响，严重的可能之后就得改为人工喂养。所以当患上急性乳腺炎时，一定要及时治疗，消除炎症，以便保持乳汁的安全和正常分泌，保证正常哺乳。下面一起来看看哺乳期急性乳腺炎要怎么来治疗。

一般哺乳期乳腺炎是有分期的。早期一般会出现乳房胀痛，乳房局部皮温高，有压痛触痛感的症状，这时如果能及时治疗，效果最好。中期局部皮肤红肿热痛，有硬结，疼痛加重，还会伴有寒战、高热、头痛、无力、脉快等全身虚脱的症状。如果不及时治疗，到后期有可能并发败血症。

乳腺炎对哺乳是有影响的，所以当出现急性乳腺炎并伴有发烧时要暂停哺乳。这是防止感染的有效办法。建议这时可用安瑞克退烧，或物理降温，并注意休息。另外要清洁乳头，吸出乳汁。

哺乳期急性乳腺炎，也可根据情况进行积极的抗感染治疗，如输注青霉素，同时注意及时排空乳房，避免乳汁淤积。乳房可使用硫酸镁湿敷，这对于缓解疼痛症状也有不错的效果。

为了避免哺乳期患急性乳腺炎，建议妈妈在哺乳时一定要注意保持乳头的清洁卫生。如果奶水过多，宝宝吃不完的话，一定要及时将乳汁用吸奶器吸出或是用手挤出，否则很易导致奶汁滞积，引发乳腺发炎。

急性乳腺炎治疗要尽早。早期以淤奶炎症为主，尚未成脓，可用超短波理疗，配合中医治疗效果更好。采用清热解毒、疏肝通乳的中药配合手法排乳，肿块多在一周内消散。中药常用瓜蒌、公英、漏芦、山甲、贝母、鹿角霜等，低热加柴胡，高热加生石膏，便秘加牛蒡子，奶多加生麦芽以减少乳汁分泌。因产后体虚，禁忌苦寒过重，不宜用地丁、连翘、大黄之类的药物。服药期间可以继续哺乳或单用健侧喂奶。如果高热可以配合输液，青霉素、头孢类抗生素即可。注意不宜过早使用大量抗生素。过量或过久地使用抗生素与中药苦寒过重的结果一样，就是肿块难消，容易转成慢性乳腺炎。在使用抗生素期间，建议不要哺乳。

急性乳腺炎到了脓肿形成阶段，就需要及时切开引流。切口的大小和位置以保证出脓通畅为原则。因为乳房脓肿常为多房性，需用手指分开多个脓腔的结缔组织间隔，引流才能通畅。乳房深部的脓肿，以高热、寒战为主症，局部红肿不明显，更无波动感，可先做穿刺抽脓试验，证实有脓后再行切开。乳房脓肿最好不要等待其自行破溃，因为脓腔常为多发或此起彼伏，自溃的破口不能彻底引流。一般来说化脓性乳腺炎只要脓液出净，发热自退，以后就进入伤口愈合期。隔日换药，伤口多在一月内愈合。

# 产后饮食应注意什么

分娩会消耗大量体能，刚刚生产完的女性往往虚弱不堪，需要更好地静养，也就需要在饮食上好好地调理。月子里调整不当，可能对女性的身体健康造成影响。生完宝宝后，"元气大伤"的新妈妈们的确需要好好补一补。但是，补充营养也要讲究方法。下面介绍简单易懂的八大原则。

## ▶ 一、适当补充体内的水分

新妈妈在产程中及产后都会大量地排汗，再加上要给新生的小宝宝哺乳，而乳汁中88%的成分都是水，因此，新妈妈要大量地补充水分。喝汤是个最好的既补充营养又补充水分的好办法。

### ▶ 二、以流食或半流食开始

新妈妈产后处于比较虚弱的状态，胃肠道功能难免会受到影响。尤其是进行剖宫产的新妈妈，麻醉过后，胃肠道的蠕动需要慢慢地恢复。因此，产后的头一个星期，孕妈妈的食物最好以易消化、易吸收的流食和半流食为主，如稀粥、蛋羹、米粉、汤面及多种汤等。

### ▶ 三、清淡少油，保证热量

月子里卧床休息的时间比较多，所以食物应以高蛋白、低脂肪为主，如黑鱼、鲫鱼、虾、黄鳝、鸽子，避免因脂肪摄入过多引起产后肥胖。为了使食物容易消化，在烹调方法上多采用蒸、炖、焖、煮，不建议采用煎、炸的方法。有的新妈妈为了迅速恢复身材，在月子里就开始节食。这种做法是不对的，因为如果摄入的热量不足，就会影响泌乳量，宝宝的"口粮"得不到保证，会影响宝宝的生长发育。

### ▶ 四、有荤有素，粗细搭配

每种食物所含的营养成分是不同的，挑食、偏食的不良饮食习惯在月子里都要改掉，每天的食物品种要丰富，荤菜、素菜搭配着吃。竹笋、菠菜等含植物酸，会影响钙、铁、锌等微量元素的吸收；而麦片、麦芽、大麦茶会回奶，在整个哺乳期应避免食用。奶类及其制品含丰富的钙质，可以预防骨质疏松、婴儿佝偻病；动物内脏含丰富的铁，可以预防贫血；红色肉类、贝类含丰富的锌，对孩子的智力发育有好处。这些营养都可以通过母乳传递给婴儿，在整个哺乳期应多吃各种有益的食物。

如果想要奶水充足，可以稍多吃些蛋白质丰富的食物，但千万不能忽略了新鲜蔬菜和水果。

在饮食上，妈妈也不应该吃得太精细，因为食物做得太精细一是可能造成营养丢失，且一味吃细粮以及鸡蛋、牛奶等很容易导致妈妈便秘。因此，在保证一定量粮食的基础上，要粗细粮结合吃，多吃一些富含纤维的食物。粗粮中的粗纤维可以降低胆固醇；而蔬菜中的纤维可以促进肠道蠕动，不仅有利于消化，还可以防止便秘。此外，要保证妈妈的饮食营养全面。

### ▶ 五、剖宫产新妈妈的饮食要求高

从营养方面来说，剖宫产的新妈妈对营养的要求比正常分娩的新妈妈更高。手术中的麻醉、开腹等手段，对身体本身就是一次打击，因此，剖宫产的新妈妈产后恢复会比正常分娩者慢些。同时，因手术刀口的疼痛，新妈妈的食欲会受到影响。

在手术后，新妈妈可先喝点萝卜汤，帮助因麻醉而停止蠕动的胃肠道恢复正常运作，以肠道排气作为可以开始进食的标志。术后第一天，一般以稀粥、米粉、藕粉、果汁、鱼汤、肉汤等流质食物为主，分6～8次进食。在术后第二天，新妈妈可吃些稀、软、烂的半流质食物，如肉末、肝泥、鱼肉、蛋羹、烂面、烂饭等，每天吃4～5次。第三天，新妈妈就可以吃普通食物了。注意补充优质蛋白质、各种维生素和微量元素，每天可摄入主食350～400克、牛奶250～500毫升，肉类150～200克、鸡蛋2个、蔬菜水果500～1 000克、植物油30克左右，这样才能有效保证母乳的分泌量和婴儿的营养充足。

### ▶ 六、产后补钙

（1）据我国饮食的习惯，建议产后每天喝奶至少250毫升，以补充乳汁中所需的钙。也可适量饮用酸奶。

（2）每天的饮食要多选用豆类或豆制品。一般来讲，每摄取100克左右豆制品就可摄取到100毫克的钙。同时，多选用乳酪、海米、芝麻或芝麻

酱、西兰花及羽衣甘蓝等，保证钙的每日摄取量至少达到800毫克。

（3）由于食物中的钙含量不好确定，所以最好在医生指导下补充钙剂。

（4）多去户外晒太阳，并做产后保健操，促进骨密度恢复，增加骨硬度。

## ▶ 七、不宜食用生、冷、硬的食物

产后宜温不宜凉。在月子里身体康复的过程中，有许多浊液（恶露）需要排除体外，产伤也有淤血残留。生冷的食物会使身体的血液循环不畅，影响恶露的排出，还会使胃肠功能失调，出现腹泻等。从冰箱中取出的瓜果，可以先放在温水中，待水果温热后切片食用。

## ▶ 八、切忌盲目进补

盲目地进食补药和补品，如人参等，进补不当不但不能帮助身体恢复，而且还有可能使新妈妈出现便秘、牙龈出血、口臭等不良症状。要考虑新妈妈的身体状况，以及季节的差异性、环境的变化等进补。

### 1.月子期宜补充的8种食物

（1）鲫鱼：这是最传统的月子菜了，鲫鱼汤一直被视为催奶佳品。传统认为，鲫鱼汤要熬得白，将鲫鱼肉炖得口感很差。其实，鲫鱼本身的营养价值很高，应该少炖些时间，让鱼肉保持鲜美，让新妈妈把鱼也吃光。

（2）黄雌鸡：具有消渴、治五脏虚损、肢体乏力的作用，对产后体虚的疗效非常好。

（3）红糖：红糖富含铁，而且利尿，适当饮用红糖水对新妈妈很有帮助，可以促进恶露排出、防治尿失禁。红糖属于温补的食品，吃得过多，会加速出汗，使新妈妈身体更虚弱。饮糖水后不漱口，还会损害妈妈的牙齿。

（4）猪手：猪手、通草、花生一起，可炖得一锅催奶的好汤。花生能保持乳腺畅通、养血止血，可治疗贫血出血症，具有滋味养颜的作用。猪手富含胶原蛋白，很适合新妈妈食用。

（5）鸽子：鸽子汤对剖宫产妈妈非常有益，可以收敛伤口。墨鱼汤虽然也有同样的作用，但是会让乳汁分泌减少；而喝鸽子汤就没有这种后顾之忧。鸽子汤还有增强免疫力的功效。

炖汤类营养丰富，易消化吸收，能增进食欲及促进乳汁的分泌，有助于新妈妈恢复身体。鸡汤、排骨汤、牛肉汤、猪蹄汤、肘子汤轮换着吃，其中猪蹄炖黄豆汤是传统的下奶食品。

（6）鸡蛋：蛋白质、矿物质含量高，消化吸收率高。鸡蛋的吃法有煮鸡蛋、蛋花汤、蒸蛋羹，或打在面汤里等。传统上新妈妈坐月子期间，每天要吃8~10个鸡蛋，其实两三个鸡蛋已足够，吃得太多人体也无法吸收。

（7）小米粥：富含维生素B、膳食纤维和铁。可单煮小米或将其与大米合煮，有很好的补养效果。但不要完全依赖小米粥，因小米所含的营养毕竟不是很全面。

2. 其他有益食品

（1）鱼油：含有二十碳五烯酸（EPA）、二十二碳六烯酸（DHA）两种多不饱和脂肪酸。EPA具有预防动脉硬化的功用。DHA具有健脑益智，改善视力的功效。EPA、DHA都有助于缓和情绪。

（2）深海鱼（如鲑鱼）：深海鱼含有丰富的Omega 3脂肪酸，可以部分缓解紧张的情绪。最新研究发现，定期接受忧郁症治疗的患者，每天增加使用Omeag 3脂肪酸之后，能明显舒解忧郁症状，包括焦虑、睡眠问题、沮丧、缺乏性欲以及自杀倾向。深海鱼能提供优质蛋白质，能满足新妈妈坐月子期间的营养需求。

（3）新鲜蔬果多数的水果都含有丰富的维生素C。维生素C能保护细胞，增强白细胞的活性，增强免疫力，消除自由基，能阻止亚硝酸盐与胺类结合成亚硝酸胺致癌物。另外，维生素C可促进胶原的生成，与细胞膜的完整性有关，所以具有消除紧张、安神、静心等作用。

（4）葡萄、苹果、草莓、花椰菜、高丽菜、老姜、洋葱，含有丰富的植物多酚。常见的多酚有苹果多酚、葡萄多酚、绿茶多酚等。多酚能维持人体健康和延缓衰老。

（5）空心菜、菠菜、豌豆、红豆，这些食物含有丰富的镁，镁具有缓解紧张情绪及美化肌肤等作用。

## ▶ 九、补充说明

（1）猪肝适合在早上、中午食用。

（2）鸡蛋蛋黄中的铁质对贫血有疗效。

（3）莲藕排骨汤可治疗贫血，莲藕还具有缓和神经紧张的作用。

（4）干贝有稳定情绪作用，可治疗产后忧郁症。

（5）胡萝卜含丰富的维生素A、B、C，适宜产后食用。

（6）猪腰有强化肾脏、促进体内新陈代谢、恢复子宫机能、治疗腰酸背痛等功效。

（7）芝麻含钙高，多吃可预防产后钙质之流失及便秘。

（8）猪蹄能补血通乳，可治疗产后缺乳症。

（9）花生能养血止血，可治疗贫血出血症，其有滋养作用。

（10）西芹纤维含量高，多吃可预防便秘。

（11）糯米性味甘平，补中益气。

（12）黑豆含有丰富的植物性蛋白质及维生素A、B、C，对脚气、水肿、腹部和身体肌肉松弛者也有改善功效。

（13）海参是低胆固醇的食品，蛋白质含量高，适合产后虚弱、消瘦乏力、肾虚水肿及黄疸者食用。

（14）猪心有强化心脏的功能。

# 产后贫血如何识别和补充

## ▶ 一、什么是产后贫血

在一定容积的循环血液内红细胞数、血红蛋白量以及红细胞压积均低于正常标准者称为贫血。其中以血红蛋白最为重要，成年男性低于120克/升，成年女性低于110克/升，一般可认为贫血。贫血在临床上很常见。它不是一种独立疾病，而可能是一种基础的或较复杂疾病的重要临床表现。一旦发现贫血，必须查明其发生原因。

## ▶ 二、产后贫血的原因

产后贫血一般有两方面的原因：一是妊娠期间就有贫血症状，但未能得到及时改善，分娩后不同程度的失血使贫血程度加重；二是妊娠期间孕妈妈的各项血液指标都很正常，其产后贫血是由于分娩时出血过多造成的。

产后贫血会使人全身乏力、食欲不振、抵抗力下降，严重时还可引起胸闷、心慌等症状，并可能产生许多并发症，所以一旦被确诊贫血应及时治疗。

轻度产后贫血是指血红蛋白在90克/升以上，一般可以通过饮食来加以改善。患者平时应多吃一些含铁及叶酸较多的食物，如鱼、虾、蛋以及绿叶蔬菜、谷类等；中度产后贫血是指血红蛋白在60~90克/升，患者除了注意改善饮食外，还需根据医生建议服用一些药物；严重贫血是指血红蛋白低于60克/升，此类患者需要进行输血治疗。

### ▶ 三、产后贫血的症状

产后贫血症状的有无或轻重，取决于贫血的程度、贫血发生的速度、循环血量有无改变、病人的年龄以及心血管系统的代偿能力等。贫血发生缓慢，机体能逐渐适应，即使贫血较重，尚可维持生理功能；反之，如短期内发生贫血，即使贫血程度不重，也可出现明显症状，年老体弱或心、肺功能减退者，症状较明显。

### ▶ 四、产后贫血的预防

新妈妈要避免贫血，最好从孕期开始预防。如果孕妈妈贫血，应该及时找医生咨询治疗。适当服用红枣，有助于孕妈妈能量的摄取和铁的补充。为预防或减轻贫血，在早孕阶段，就应该多吃些流质或半流质食物，如猪肝汤、豆腐、水蒸蛋、蔬菜汤等，少食多餐，多吃营养丰富的食品，千万不能偏食。如果孕妈妈的贫血特别严重，应该及时去医院就诊，防止并发症的发生。

# 产后元气的恢复

在听到宝宝中气十足的啼哭声的那一瞬间，妈妈终于松了口气，十月怀胎和分娩时的疼痛、艰辛都变得无所谓了。但是，妈妈也因此而消耗了大量的元气，因此，产后让身体恢复元气也是极为重要的。

产后的42天里，是新妈妈子宫收缩、恶露排出、伤口恢复等的最佳时期，期间要提供身体各器官足够的养分，使其恢复正常的运作。月子期间可以说是产后女性休养生息、恢复健康的黄金时期，妈妈必须获得充分的休息和营养，才能恢复元气，使自己更加美丽、健康。

在此，建议妈妈们进行运动调养、饮食调理和心理调节，以达到产后迅速恢复元气的目的。

## ▶ 一、运动调养

屈膝平卧，双手交叉，压于下腹部，呼气时身体前屈，抬起头和肩，吸气时身体平躺。10次1组，每天做3组为宜。

双腿伸直坐于地上，双手交叉，放于小腹部。呼气时身体向后仰，保持这个动作数秒钟。10次1组，每天做3组。

仰卧，双手放于身体两侧，慢慢抬起头和肩，用左手去摸左膝，右手摸右膝。10次1组，每天3组。

屈膝平卧，双手放于大腿上，然后用手去触摸膝盖。每次做10个，每天做3次。

上面这4个动作对收紧腰腹部有很大的帮助。

双腿分开，轻轻向下蹲，收紧会阴部位，刚开始时用手扶着椅子或桌子，然后再慢慢地将手举过头顶。这样的练习能慢慢收紧会阴部位，而且这个动作也可以促进侧裂伤口的愈合。

## ▶ 二、饮食调理

妈妈产后的营养需求比孕期还要高，努力做到饭菜的高质量，食物品种多样化，软烂可口，并多吃些汤菜，做到干稀搭配、荤素搭配。

### 1. 供给充足的优质蛋白质

一般来说，优质蛋白质的最主要来源是动物性食品，如鱼类、禽类、肉类等。另外，大豆类食品也可为身体提供丰富的蛋白质和钙质。

### 2. 多食含钙丰富的食品

牛奶、酸奶、奶粉或奶酪的含钙量都是相当丰富的，还非常易于被人体吸收和利用。而小鱼、小虾、虾皮、绿色蔬菜、豆类等也可提供一定数量的钙质。

### 3. 多食含铁丰富的食品

众所周知，铁是构成血红蛋白的主要成分，补铁就等于是补血。富含铁元素的食品有动物肝脏、肉类、鱼类、油菜、大豆及其制品等。

### 4. 月子期间，妈妈的饮食应做到少食多餐

一般以每日4～5餐为宜。食物方面，也应粗细搭配，荤素搭配。新妈妈对脂肪的摄入一定要偏低，否则降低乳汁的营养；并多吃些流质和半流质食物。而在烹调方式的选择方面，动物性食品应多以煮或煨为主；烹调蔬菜时，注意尽量减少维生素C等水溶性维生素的损失。

### ▶ 三、心理调节

从妊娠到分娩，体内某些激素的分泌会发生很大的变化，而当宝宝降临后，这些激素又会很快恢复正常的水平，从而导致产后抑郁的发生，使得很多人出现食欲下降、情绪低落、失眠，严重的甚至会有自杀的意念或企图。要想避免这种情绪的出现，新妈妈首先要学会自我调节，保持一定的社交圈子，多与朋友、家人交流。积极进行锻炼对改善情绪也有一定的帮助。

# 产后妈妈易衰老——新妈妈年轻态的保持

很多妈妈在孕育完宝宝后，将绝大部分的心思花在了宝宝的身上，担心宝宝的衣食住行，凡事都想亲力亲为，做到最好，以致忽略了自身的保养。

### ▶ 一、腰酸腿疼——要保证摄入充足的钙

哺乳期，妈妈应保证摄入充足的钙，以满足母婴二人的生理需求，否则，可能造成腰酸腿痛、骨质疏松等问题，还可能因为奶水中的钙量不足影

响婴儿的生长发育。

## ▶ 二、大量掉头发——不要过度用脑

适当降低对事业的期望值。许多事业心很强的年轻妈妈，产后就闲不住了，积极地做计划，或是已经开始筹划工作方面的事情了。

产后，妈妈的精力和体力都需要好好恢复。过度用脑，也会影响血液循环，从而造成脱发。在产后这个特殊的时期，休养身体和照顾好宝宝还是第一位的。

## ▶ 三、两个乳房大小不一致——正确哺乳

哺乳时，左右两侧交替喂奶，避免因过多地喂某一侧而引起乳房不对称。

## ▶ 四、身体僵硬、不灵活——多喝水，多运动

产后，妈妈的生活以宝宝为重心，再加上家务突然增加，每天会感觉到疲惫。缺少运动，是这个时期妈妈们生活中普遍存在的问题。多运动，早晨早点起来，做做操，都可以让身体更加灵活，缓解僵硬感。

## ▶ 五、乳房松弛下垂——坚持戴乳罩、坚持运动

哺乳过程中，应佩戴柔软的棉质胸罩。哺乳期乳房肥大，受重力的作用容易下垂。用乳罩能起到一定的固定、托举的作用，从而防止乳房下垂。每天用温水洗浴乳房1～2次；每天坚持做胸前肌肉的运动，如俯卧撑、扩胸等，可以加强前胸部肌肉的力量，从而增强对乳房的支撑，防止乳房松弛下垂。

## ▶ 六、感觉心情烦躁，易发脾气——少吃酸性食物

哺乳期，一些妈妈每天吃很多大鱼、大肉。酸性食物吃得过多，会大

大影响身体的消化机能，也容易上火。火气旺，加上添了宝宝也添了很多家务，难免会心情烦躁，容易发脾气。多吃清淡食物，多喝水，练练瑜伽可以调节心情。

### ▶ 七、明显消瘦——注意产后休养

生孩子是一项相当艰苦的体力劳动。哺乳期的妈妈在身体和精神上都应该尽快找回最佳状态。新妈妈千万不要使自己虚弱的身体过度紧张、劳累或着风受凉。家中之事，尽可能少操心。

### ▶ 八、经常困倦——保证睡眠质量

宝宝刚刚出生，与外界沟通的能力弱，哭是他向外界表达信息的最常用、最有效的途径。有的宝宝甚至整夜不睡，妈妈的睡眠质量大受影响。睡眠不足的时候，身体很容易变成亚健康状态。每当孩子睡着了，或者有他人照看时，妈妈不妨也睡上一觉。睡觉是最好的休养。

### ▶ 九、皮肤松弛，皱纹明显增多——多吃含胶质的食物

经过生育，加上自然的衰老，皮肤松弛是很自然的生理现象。在哺乳期间，体内营养消耗较大，有的妈妈不注意营养补充，脸色变得很难看。这时，要多吃些含胶质的食物，比如猪蹄、骨头汤等，以补充肌肤所需要的胶原蛋白。

# 产后如何促进恶露排出

子宫是孕育胎儿的温床。生产后，子宫内还有恶露需要通过持续的收缩慢慢排空。经过4~6周，子宫体积会恢复成原来的大小。在这个过程当中，

一定要关注子宫的恢复情况，做好日常的护理工作，新妈妈可以做一些"小动作"来促进子宫恢复，避免感染、出血，减轻疼痛。

## ▶ 一、产后要适当活动，防感染、防出血

产后要充分休息，不可过早进行重体力劳动，但是适当的活动也很重要。下床走动一下不但可以让恶露顺利排出，还可以促进子宫的恢复。

产后要注意卫生，尤其是私密部位，要每天清洗，以免细菌感染祸及子宫。同时，子宫内可能会有胎盘、胎膜残留。如果子宫收缩不好，很可能引起不正常出血，残留物也可能导致感染，要多加警惕。

正常情况下，在产后4天内恶露的量比较多，颜色呈鲜红色；产后5~10天恶露的颜色慢慢变淡，所含的血液总量逐渐减少，宫颈黏液、阴道渗出液增多。如果产后2周后，恶露仍然为血性、量多且伴有恶臭，需要警惕是否有胎盘或胎膜残留，应及时到医院诊治。

## ▶ 二、产后做好3件事，有助于子宫尽快恢复

### 1. 母乳喂养

母乳喂养不仅对宝宝好，对子宫恢复也非常有利。宝宝的吸吮刺激可以促进子宫肌肉的收缩，从而加速子宫的恢复。

### 2. 按摩

经常在小腹上顺时针轻轻按摩，按摩过程中对穴位的刺激可促进子宫收缩，帮助子宫内淤血的排出，从而有利于子宫逐渐恢复到孕前状态。产后如果条件允许，可以请产后康复医生对骶尾部进行按摩，促进盆腔肌肉的收缩，从而带动子宫韧带的运动，达到消除盆腔淤血的目的。

### 3. 中药足浴

益母草有活血化淤，促进恶露排出的作用；当归能补血、活血，既补产后之虚，也可祛除产后之淤。二者都是非常适合产后足浴的中药。

### ▶ 三、新妈妈必学产后子宫康复保健操

**1. 腹肌**

平躺在床上，双膝屈起，双手放在腹部。收缩臀部，将后背压向床面，然后放松，多次反复。同时也可做盆腔练习。

**2. 胯部牵拉**

平卧，一条腿弯曲；另一条腿伸直并屈曲足部，即足跟用力向前，然后再向回缩。注意膝盖不要弯曲，背部也不要弓起。

**3. 猫步练习**

双手双膝着地，背部平直，双手正好垂直于肩。向前蜷起一条腿，使膝盖触到前额，现将腿向后上方伸直，抬头伸长颈部，注意从头到脚跟形成一条直线，维持几秒钟，放下。交替做另一侧。

**4. 起步**

坐直，双臂在胸前抱拢，吸气；骨盆向前抬起，再慢慢向后，直到腹部肌肉紧张起来，维持一段时间。此时尽量保持正常呼吸。坐下，放松。

# 产后如何加快伤口愈合

痛！这应该是大多数妈妈对生产最刻骨铭心的印象了！在克服了阵痛对身心的折磨后，事情并没有就此结束，因为接踵而来的身体变化仍会让妈妈感到困扰，像"伤口多久会愈合？""可以碰水吗？"等。下文将以产后伤口护理为主，让新妈妈树立正确的产后保健观念。

## ▶ 一、产后伤口的种类

### 1. 自然产伤口

自然生产或多或少会对子宫颈口及阴道组织造成一些改变或破坏，但是，这样的伤口通常会在产后自行愈合；而产程进展太快，或者在待产期间不当用力所导致的阴道撕裂伤，则往往必须借助外科修补术加以缝合，才不致延缓复原的时间。

所以，有时候为了避免产妇发生较大范围且不易处理的会阴撕裂伤，产科医师或助产士通常会以会阴切开的方式来帮助胎儿顺利生出来。因为会阴及阴道的血管丰富，所以切开处的伤口在3～4周即可完全愈合。

### 2. 剖腹伤口

剖腹生产方式，经由腹壁及子宫切口将胎儿取出，可以帮助无法顺产的妇女安全地迎接新生儿的到来。

由于手术伤口范围较大，表皮的伤口在手术后5～7日即可拆线或取除皮肤夹，但是伤口完全恢复需要4～6周。

## ▶ 二、促进伤口康复原则

会阴切开伤口或剖腹伤口的护理原则大致相同，但因部位的不同，所以在促进伤口复原时就必须运用不同的技巧。

新妈妈必须注意的是感染的问题。完整的皮肤是保护身体的第一道防线，因此伤口局部的红、肿、热、痛绝对不可轻视。如果不适感持续未改善或者出现脓性分泌物，要赶快回到医院检查。此外，阴道大量出血或者排出多量血块也是不正常的情形，应尽快就医。

## ▶ 三、注意饮食

产后新妈妈的饮食非常关键。怎样吃有助于伤口恢复，哪些食物不利于产后伤口愈合，这些知识新妈妈们一定要了解。

**1. 利于产后伤口愈合的食物**

（1）富含维生素A的食物。免疫球蛋白的合成与维生素A有关，故多食富含维生素A的食物可以提高人体抗感染的机能。梨、苹果、枇杷、樱桃等水果，马齿苋、大白菜、荠菜、番茄等蔬菜，绿豆、大米、胡桃仁、动物肝脏、奶及未脱脂奶制品、蛋类、鱼肝油等，都是维生素A含量丰富的食物。

（2）富含维生素C的食物。西红柿、南瓜、胡萝卜、苹果、猕猴桃等蔬菜和水果，都含有丰富的维生素C，多吃可以促进伤口愈合。

（3）含有微量元素锌的食物。缺锌会使纤维细胞功能下降。富含锌的食物主要有木耳、海带、瘦肉、肝脏、蛋类及牡蛎等，花生、核桃等坚果类中含量也较高，水果中苹果的锌含量最高。

（4）富含蛋白质的食物。饮食中增加蛋白质的摄入能促进伤口愈合，减少感染机会。含蛋白质丰富的食物有瘦肉、牛奶、蛋类等。

（5）富含脂类的食物。脂类的缺乏会导致伤口愈合困难。鱼油中含有丰富的脂肪酸，具有抗炎作用，对伤口愈合有一定益处。

**2. 产后伤口愈合饮食注意事项**

产后伤口愈合一般需要2周，期间饮食注意事项如下：

（1）术后1周内最好进无渣食物，即含纤维素少的食物，如牛奶等，以防形成硬结而不利于伤口愈合。

（2）在恶露排出的这段关键期里，不宜大补，饮食应在清淡、稀软的原则上多样化，少吃桂圆、人参等补益性食品。产后大补很容易导致血管扩张、血压上升，容易加剧出血，延长子宫的恢复期，造成恶露不绝。新妈妈可以吃一些鸡蛋、鸡肉、小米粥、汤面、豆类及豆制品等。

（3）伤口愈合期间应忌吃烧、烤、煎、炸和带有刺激性的食物，口味过重的调味料如辣椒酱、芥末、胡椒一定不要吃。另外，含糖饮料、碳酸饮料等都应避免饮用。

# 产后如何帮助子宫恢复

经过10个月的漫长孕育，宝宝终于从妈妈的子宫里搬出来了。子宫一下子变成了一个空房间，正式进入了"后分娩时代"。在过去的40周，子宫为了容纳尊贵的小"客人"，在激素的作用下，会变得温厚、柔软、血液充足，形成一个空心大肉球。随着宝宝的生长，子宫也会从原来的50克一直增长到约1 000克（妊娠足月）。所以，要想恢复到怀孕前的状态可不是那么容易的，需要妈妈的悉心呵护。新妈妈别忘记满月后要复诊，确认子宫的恢复状况。

## ▶ 一、子宫恢复历程

子宫约需2周时间回到骨盆腔，6周内回到孕前大小。子宫恢复状况可从3方面来看。

子宫底：分娩后，子宫会立即收缩。在腹部处可用手摸到一个很硬且呈球状的子宫底，其最高处差不多与肚脐同高。子宫底的高度每天会下降一点。约2周时间，子宫进入骨盆腔内，这时就无法在腹部摸到子宫底了。

子宫颈：分娩后，子宫颈因充血、水肿而变得非常柔软，子宫颈壁也会变得很薄，要到7天后才会恢复到原来的形状。产后7天多，子宫颈内口会关闭；产后4周左右，子宫颈才会恢复到原来大小。

子宫内膜：胎盘和胎膜与子宫壁分离后，由母体排出。从子宫内膜的基底层，会再长出一层新的子宫内膜。产后10天左右，除原来胎盘的附着面外（分娩后，约手掌大小，产后6~8周会完全愈合且不留痕迹），其他部分的子宫腔会全部被新生的内膜所覆盖。

## ▶ 二、子宫按摩加速子宫收缩

新妈妈把手放在肚脐周围，触摸寻找子宫位置。如感觉不到腹部有一个球形硬块，就需要做子宫环形按摩，借此加速子宫的收缩。子宫收缩的同时，恶露也会随之排出体外。由于子宫变硬表示收缩情况良好，所以，顺产的新妈妈在产后24小时内，应随时按摩，直到子宫变硬。

## ▶ 三、判别子宫恢复状况

### 1. 观察恶露

若是子宫内仍有残留的胎盘或胎膜组织，或是子宫收缩不良，会影响子宫复原的速度。观察排出的恶露的颜色、量与气味，可以判别子宫的复原状况。正常情况下，恶露的量会愈来愈少，颜色愈来愈淡，约3周就会结束；过多的恶露属于不正常现象。

如果血性恶露的量明显变多，且持续时间延长（3天以上）；或恶露带有异味，甚至恶露一直没有止住的迹象，产妇务必及时就医。经检查后，若是子宫内仍有残留物质，需要加以处理；若是单纯的子宫收缩不良，则应服用子宫收缩剂，并按摩子宫，持续哺喂母乳，以促进子宫收缩。

### 2. 触摸子宫底

子宫恢复得好与不好可以通过子宫底下降情况来推断。一般来讲在分娩后第一天，子宫底可降落至脐部。自此，子宫底每天下降1~2厘米，2周左右进入盆腔与耻骨联合平齐，这时从腹部便摸不到了。

### 3. 产后复诊

到了大约6周时子宫犹如鸡蛋大小，重量从1 000克（刚分娩完）逐渐缩小到60~70克，并宽度随之变窄，硬度却有了增加。这个变化过程，被称为"子宫缩复"。每一位产妇都应在42天左右去产科进行检查，了解子宫缩复的情况。

## ▶ 四、产后有益于子宫健康的其他妙招

绝大部分妈妈生完宝宝后都能顺利恢复。不过，要想恢复得又快又好，还需要妈妈们自己做点"功课"！

妙招一：及时排尿。产后，医生常常会嘱咐妈妈要尽早排尿，一般在产后4小时小便。因为在分娩过程中，膀胱受压、黏膜充血、肌肉张力降低、会阴伤口疼痛、不习惯于卧床姿势排尿等原因，都容易发生尿潴留，使膀胱胀大，妨碍子宫收缩而引起产后出血或膀胱炎。

妙招二：产褥期别"赖床"。老人都讲究分娩后要卧床，怕受凉。不过，产后6~8小时，妈妈在疲劳消除后最好别"赖床"，第二天尽量下床活动，这样有利于生理机能和体力的恢复，帮助子宫复原和恶露的排出。

妙招三：哺乳刺激。刺激乳头也能帮助子宫收缩。只要宝宝一吸吮，子宫就会收缩。宝宝频繁地吸吮、频繁地产生这种反射刺激，会使子宫的恢复加快。没有喂奶的妈妈，也可以采取按摩乳房或是热敷乳房的方式，刺激乳头。

妙招四：别当脏妈妈。分娩后沐浴，对妈妈来说有益无害。如果是自然分娩，沐浴能消除外阴伤口及周围的细菌，促进外阴伤口血液循环，有利于伤口愈合。如果是剖宫产，且采取的是皮肤横切、皮下缝合的方法，那么沐浴时水是绝对不会进入伤口的。只要在伤口表面敷一块纱布，不让水直接冲击伤口即可。当然，伤口毕竟是很娇嫩的，所以沐浴完毕后，伤口处应该重新换药，切勿用湿毛巾在伤口上来回擦。

## ▶ 五、产后吃什么食物补血又保护子宫

### 1. 猪肝

猪肝中含有丰富的铁，是补血食物中经常提到的食物。而且猪肝中还含有一般肉类中没有的维生素C和微量元素硒，可以帮助提高产妇的抗病能力。

### 2. 鸭血

鸭血富含铁，俗称补血之王。但是鸭血性偏寒，妈妈不要吃太多。

### 3. 胡萝卜

胡萝卜含有胡萝卜素，而胡萝卜素是补血的重要元素之一。不仅如此，胡萝卜还含有丰富的维生素B和维生素C。用胡萝卜煲汤是补血很好的选择。

### 4. 南瓜

南瓜，含有丰富的植物性蛋白质、维生素和胡萝卜素、钙、锌、铁、钴等。钴可以帮助血液中的红细胞正常运作，锌直接影响着红细胞的成熟，而铁是生成血红蛋白的基本元素。

### 5. 红枣

红枣是补血佳品，这是大众公认的。新妈妈吃红枣的最好方法就是在煮汤或煲粥时加入红枣。

### 6. 红豆

红豆中含有丰富的维生素$B_1$和维生素$B_2$以及蛋白质、矿物质等，具有补血、利尿、去水肿等功效。可以在煮粥的时候加少许红豆，或是直接用红豆煮水喝。但是新妈妈产后肠胃功能较弱，红豆不能吃太多，以免引起胀气等不适。

### 7. 桂圆

桂圆也称龙眼。桂圆肉中含有丰富的铁。缺铁是女性贫血的重要原因。另外，桂圆肉中还含有维生素A、维生素B、葡萄糖、蔗糖等，对缓解产后虚弱、乏力等均有帮助。

### 8. 葡萄

葡萄含有丰富的铁、钙、磷以及维生素、氨基酸等，尤其适合体弱贫血的新妈妈食用。适当吃葡萄可以使孕妈妈和新妈妈血脉通畅，滋补血气。

### 9. 甘蔗

冬季水果中，相当受到人们喜爱的甘蔗含有多量的矿物质，包括铁、锌、钙、磷、锰等，其中以铁的含量最高。

# 产后如何快速恢复

女性分娩后，各个脏器恢复到孕前的生理状态，需要一定时间的，通常6周左右，这也就是临床上的产褥期，对应的就是国人说的坐月子的时间。

孕期子宫那么大，总要一点点地缩回去；为了给胎儿提供养料，增加的血容量总要一点点少下去。全身各个系统，经过怀孕分娩这次"重启动"之后，又重新各就各位回到孕前的工作状态。所以，产褥期的恢复，是身体自我调节的过程，人为刻意干预可以不多，但有些事项需注意。

**1. 饮食**

顺产的新妈妈饮食没有禁忌。推荐新鲜水果、蔬菜、优质蛋白饮食，如肉类、鱼虾。建议多喝点汤水，有利于下奶。

**2. 小便**

分娩过程会对膀胱产生刺激，有些新妈妈膀胱麻木，感觉不到尿意，甚至不会解小便了。建议产后定时解小便，比如一两个小时一次，而不要等到尿急了才去。

**3. 褥汗**

不少新妈妈反映生完孩子会出虚汗。其实，那不是"虚汗"，而是褥汗。因为怀孕的时候，为了保障胎儿的营养供应，孕妈妈体内血液容量是增加的。现在宝宝出来了，多出来的血量怎么办？相当一部分是通过汗液排出去的。所以，生完孩子以后出汗是正常的。

**4. 清洁**

既然生完孩子会出很多汗，那么就要注意卫生了。洗头、洗澡都不是禁忌，千万别让自己脏兮兮的。而且，因为恶露的原因，尤其提醒要保持会阴部清洁，否则容易发生产褥感染。所以要每天清洗会阴，并且保持干燥。现代医学认为，即便是坐在盆中坐浴，盆里的水也不会上行污染阴道。

5. 哺乳

母乳喂养对于女性的产后恢复有很好的促进作用，所以新妈妈应坚持母乳喂养。

**6. 不要卧床**

有人说既然是"坐"月子嘛，那起码要坐着，所以很少下床活动，甚至有说法忌下床活动，吃饭都在床上。这是万万使不得的！产后凝血功能亢进，新妈妈是血栓高危人群。长期卧床不动，会增加静脉血栓形成风险，甚至会发生肺栓塞危及生命。

除了这些，在产褥期还要注意休息，尽量保障充足的睡眠。新妈妈每天哺乳喂孩子还是很辛苦的，所以，抽空也要睡一会儿。另外，心情的调节也很重要。产后因为激素急剧变化的原因，有一部分新妈妈可能会出现一些负面情绪。不过，大部分人只有一些抑郁的表现，并未发展成抑郁症，但是作为新妈妈的家属也应该重视，注意新妈妈心理上的调节和情感上的支持。

产褥期之后，身体状况基本恢复到孕前状态，但是有两项指标的恢复可能需要更长的时间：一是乳腺，因为母乳喂养的原因，乳腺肯定和孕前不同；二是身材，主要指产后的体重，绝大多数女性产褥期结束后，体重还是比孕前要重的。

那么，接下来就要说说产后如何恢复身材了。

产后体重的恢复，也不是越快越好。有研究认为，产后用至少六个月的时间将体重恢复到孕前水平还是比较合适的。这里，所谓的恢复到孕前水平，指的是体重差距在1.5千克以内。美国医学研究所（IOM）给的建议是每周减少0.5千克。所以，产后恢复过程中体重的降低不要着急，要循序渐进。

不过，不少新妈妈对于产后体重的恢复不够重视。不少新妈妈抱有"生完孩子就是要胖"的想法，生孩子成为自己体重失控的借口。但实际上，即便不是为了追求完美身材，而仅仅是出于自身健康考虑，产后的体重恢复也是非常重要的。有项随访15年的研究显示，如果产后1年体重还没有恢复到孕前水平，那么新妈妈将来发展为肥胖的概率大于60%。而和肥胖相关的各种疾病和亚健康状态，这里就不多说了。

所以，产后体重的恢复还是很有必要的。那么有什么好的方法有助于体重的恢复呢？无外乎饮食控制和适量运动了，不过这里也有些问题要说明一下。

（1）孕期控制体重。孕期体重增加得越少，产后体重就恢复得越容易。这就是说孕期就应该有意识地控制体重增加。但是因为一些不科学的观念的影响，现在还有很多孕妈妈觉得怀孕以后就要"一个人吃俩人的饭""孩子长得越大越好养"。孕期体重管理不好，不仅不利于自然分娩，也增加了产后恢复的困难。因此，适量运动和饮食控制同样适用于孕期。

（2）什么时候开始人为干预，恢复体重？绝大多数研究建议，人为干预开始于产后 6 周之后，也就是坐完月子。所以，如果要着手恢复体重，可以在产后 6 周之后开始。

（3）饮食控制和适量运动，哪种方式更有效？2013年，循证医学最权威的 Cochran 图书馆收录了一篇文章*Diet or exercise, or both, for weight reduction in women after childbirth*，对这两种方式进行了详细综述，得到以下结论：① 单纯运动，对于体重的恢复效果不明显，不过对女性心血管系统有好处。② 单纯饮食控制和饮食控制加运动，两种方法都对体重恢复有帮助，而且效果差不多。不过前者在减脂肪的同时，对于非脂肪组织可能也有影响；而后者针对脂肪，并且运动对心血管系统有好处。因此，推荐的方法是饮食控制配合适量运动。

（4）运动都要做些啥？建议新妈妈进行温和的有氧运动，如慢跑、走路。在运动强度上，建议每天30~45分钟，每周4~5次；或者每周150分钟的相应运动。

（5）运动或者饮食控制会不会影响母乳喂养？很多人产后拒绝控制体

重的原因就是，"还喂着奶呢，减什么肥啊？"于是将产后体重的增加又归结到为了孩子身上。虽然曾经有研究认为，运动后乳汁的口味会变得偏酸一点，从而可能影响婴儿对母乳的接受。不过对婴儿身高、体重的测定表明，这样的乳汁并不影响婴儿发育。而限制热量摄入的饮食方式，对于乳汁的分泌量也没有明显的影响。因此，目前的研究认为，饮食控制和适量运动都不影响母乳喂养。

（6）体重恢复的干预需要督促。面对美食，如何抵挡住诱惑？运动带来的疲劳，如何使自己坚持？这些都是干预过程中要面对的问题。所以，无论是饮食控制还是适量运动，都是需要一定自我控制能力的。如果没有较好的自我控制能力，又没有相应监督的话，就很容易给自己找出前面提到的各种放弃控制体重的借口。相关医学研究也强调诸如见面分享会、电话随访等方式的督促作用。所以，如果想要恢复体重，不妨动员家人监督，或者和其他姐妹一起互相督促。

# 产后如何科学调理脏器

## ▶ 一、如何预防产后内脏下垂

坐月子期间必须特别注意防止内脏下垂，因内脏下垂可能为很多妇科病的根源，并会因此而造成小腹突出。那么，怎么样预防产后内脏下垂呢？这就需要在坐月子期间需勤绑腹带。

勤绑腹带可以收缩腹部并防止内脏下垂，而若原本即为内脏下垂体型者，也可趁坐月子期间勤绑腹带来改善。腹带为一条很长的白纱带，长约1 200厘米，宽为15厘米。每人需准备2条以便替换。产后容易流汗。汗湿时应将腹带拆开，并将腹部擦干，再洒些不带凉性的痱子粉后重新绑紧。若汗湿较严重时，则需更换干净的腹带。如果使用一般一片粘的束腹或束裤，不仅没有防止内脏下垂的效果，反而有可能压迫内脏令气血不通畅，使内脏变形，胀气而造成呼吸困难，下腹部突出的体型，请特别注意!

开始绑的时间：自然分娩——产后第2天；剖宫产——第6天（5天内用束腹）；小产—— 术后第2天。

每日拆卸，重绑时间：三餐饭前需拆下、重新绑紧再吃饭；擦澡前拆下，擦澡后再绑上；产后2周24小时绑着，松了就重绑；第3周后可白天绑，晚上拆下

腹带用冷洗精清洗，再用清水过净后晾干即可。勿用洗衣机洗涤，因腹带易皱。

腹带的绑法如下：

（1）仰卧、平躺，把双膝竖起，脚底平放床上，膝盖以上的大腿部分尽量与腹部成直角；臀部抬高，并于臀部下垫2个垫子。

（2）两手放在下腹部，手心向前，将内脏往"心脏"的方向按摩、抱高。

（3）分2段式绑，从耻骨绑至肚脐，共绑12圈。前7圈重叠缠绕，每绕一圈半要"斜折"一次（斜折即将腹带的正面转成反面，再继续绑下去，斜折的部位为臀部两侧）。后5圈每圈往上挪高2厘米，螺旋状的往上绑，最后盖过肚脐后用安全别针固定并将带头塞入即可。

（4）每次需绑足12圈，若腹围较大者需用3条腹带接成2条来使用。

（5）太瘦，髋骨突出，腹带无法贴住肚皮者，需先垫上毛巾后再绑腹带。

（6）拆下时需一边拆、一边卷回实心圆筒状备用。

## ▶ 二、产后子宫脱垂的症状

内脏下垂一般不会危及生命，但是千万不能忽视。很多女性宁愿常年忍

受痛苦，也不愿治疗。这样是对自己身体健康的不负责。子宫脱垂属于盆底障碍性疾病，它会给女性的生活带来很大的影响。产后子宫脱垂会有什么症状呢？

（1）子宫脱垂会让下腹总有一种下坠感，而且容易引起腰酸背痛、脱出物摩擦内裤等种种身体上的不适。

（2）会发生排尿和排便的障碍。子宫脱垂时，尤其是当子宫垂到体外时，阴道前壁比邻的膀胱和尿道膨出挤压到尿道，使得尿道被"卡"住，导致排尿困难；阴道后壁比邻的直肠膨出，导致排便困难。很多患者都有排尿或排便的障碍，包括溢尿、尿频、便秘、排尿和排便排不干净等。

（3）由于子宫脱垂至阴道，过性生活时也会感到不适。而且，有些严重到子宫脱出阴道口的患者，会时常感觉到脱出物摩擦内裤，更严重的，会发生步行困难。

如果有这些情况，可以去医院检查。医生会为患者做相关检查，然后作出是否为子宫脱垂以及严重程度的诊断。

根据严重程度，子宫脱垂可分为3度：Ⅰ度是轻度子宫脱垂，通常是子宫颈口距处女膜缘小于4厘米或已达处女膜缘；Ⅱ度是中度子宫脱垂，子宫颈脱出阴道口但宫体尚在阴道内；Ⅲ度是严重子宫脱垂，宫颈或子宫会全部脱出阴道口。

## ▶ 三、产后内脏脱垂怎么办

既然产后内脏下垂会对女性的身体造成这么多的不适与不便，那么产后内脏下垂怎么办呢？让我们来看看，产后内脏下垂怎么恢复。

### 1. 轻度的子宫脱垂

如果没有明显症状，主要以预防保健为主。比如，避免经常做增加腹部压力的动作、提肛运动等。生产后的女性尽早做盆底重建和康复的训练。停经后的妇女适度补充雌激素，以防止子宫脱垂加重。

2. 严重的子宫脱垂

手术是最好的治疗方法。需要去可靠的大医院，遵医嘱进行。

# 产后如何健体修身

女性从怀孕到产后分为孕期、产褥期、哺乳期。

孕妈妈营养状况与饮食有关，对小宝宝的智力、体格及体质发育将产生影响。因此，孕期是不宜减肥的，而要在医生的帮助下进行营养监测，保持适宜的增重率。

根据孕妇的体质指数（BMI；体质指数=$\dfrac{体重千克数}{身高米数}$）值，孕妈妈最适宜的增重范围如下：

BMI<19.8者应增加12.7~18.2千克。

BMI为l9.8~26者应增重6.8~11.4千克。

BMI>19者应增重6.8千克。

孕期适宜增重率为每周0.5千克。

过重妇女每周宜增重0.25千克。若每月小于1千克或大于3千克就应增加监测次数。

一般认为产后生理上的恢复需要42天左右，也就是人们常说的"坐月子"阶段，这个时期在医学上称为产褥期。产褥期后，新妈妈除乳房仍较丰腴外，其他生殖器官基本恢复至怀孕前状态。在"坐月子"初期，一般应以调养休息为主。因为十月怀胎的艰辛，以及分娩所消耗的能量，母体气血消耗较多。新妈妈最初要注意休息，尽快恢复体力，了解婴儿生活习惯。饮食上为保证乳汁丰盈，满足喂哺需要，新妈妈可多饮汤，如鲫鱼汤、鸡汤、排骨汤、猪蹄汤、牛羊肉汤、大枣银耳汤，最好汤肉一起吃下。另外新妈妈要多吃些新鲜蔬菜和水果。但是，也不能认为"坐月子"就是吃、睡、喂孩子，而忽略了运动。因为早期运动对于恶露的排出、子宫恢复及防止栓塞，十分有利。所以，在顺产后24小时就应开始做产妇健身操，包括抬腿运动；仰卧起坐运动、缩肛运动等，以促进机体的恢复。

产后体形的恢复，则需要半年至一年的时间。因此，喂乳期是产后妇女恢复体形的最好时期。此时新妈妈从饮食、休息、锻炼各方面加以综合调理才能达到较为理想的体形恢复效果。

首先，在膳食方面应根据自己的身高、体重、劳动强度、年龄安排平衡膳食，既要保证自己和喂哺中的婴儿需要，又要避免摄入过多，引起脂肪堆积。可根据中国营养学会推荐每日每千克体重供给量标准进行计算，然后科学安排食谱。

例如：一名28岁哺乳期妇女，身高160厘米，体重65千克，从事一般劳动。那么她的理想体重是160－105＝55（千克）。实际体重与理想体重差为65－55＝10千克，这10千克是超过标准体重的多余部分，要加以纠正。我们可通过供给量标准计算出全天需要的热量为2 150千卡，以此制订合理的膳食计划。膳食原则如下：择食品种丰富，荤素搭配合理，三餐热量分配比例可按1/5、2/5、2/5安排，摄入的食物应满足机体对蛋白质、脂肪、碳水化合物、维生素、矿物质、水及膳食纤维7种营养素的需要量。例如，每天可摄入一个鸡蛋、一袋牛奶、50克豆制品、100克肉类食品、75克海产品，保证优质蛋白质的供给；摄入500克到750克青菜、150克水果、300～350克主食、20克烹调油，还可选食少量的花生、瓜子等坚果类食品。这样基本上做到了既丰富又平衡。尽量少食含热量高的奶油、奶酪、油炸食品、甜点心等。

另外，每天要根据自己的条件，合理安排1～2次锻炼身体的时间，如做广播操、慢跑、跳绳、游泳、跳舞等。还可以通过擦地、吸尘等日常劳动，达到锻炼的目的。在搞卫生的过程中，双手要用力前后推拉，身体前倾，双脚用力蹬地维持机体的平衡，从而能够达到增加运动量、消耗能量、减少脂肪堆积。

由此可见，产后要想保持体形美，就要劳逸结合，合理安排膳食，保证膳食营养平衡，生活有规律，适当加以锻炼，保持良好的心情，既可喂养好宝宝，又可以使生活丰富健康。

以下饮食八大招，轻松解决产后肥胖。

（1）没有哺乳或停止哺乳的妈妈，可以适度减少每天摄取的热量，例如减少300～400卡，但是不建议每日摄入的热量低于1 200卡。如果热量摄取太低，不但容易饿、体力差，可能导致营养不良，损害健康。况且长期热量摄取太少时，人体的新陈代谢率也会跟着自动调低，而新陈代谢率一旦降低，减肥会更加困难，而且很容易反弹！

（2）哺乳的妈妈不适合过度限制热量摄取，这会影响乳汁分泌。如果生产后的体重确实超重太多，建议先咨询营养师的意见，计算出比较适合的热量需求。其实，哺乳本身就是一种自然的减肥方法，每天可以多消耗500～700卡热量。

（3）饮食定时、定量，均衡摄取六大类食物。

（4）不论自己做菜或外食，多选择蒸、煮、卤、烤、炖等低油烹调方式。

（5）减少油脂摄取：选吃瘦肉、去皮的鸡肉和鱼，少吃油炸食物（1周不超过2次）。

（6）少吃甜食、少喝含糖饮料。

（7）正餐之外觉得饿或想吃东西时，不要太限制自己，不过要控制量并有所选择。这时可先倒一杯热水喝，15分钟之后，如果还是觉得饿，再吃东西。比较好的选择是吃2块苏打饼干或是喝一瓶优酪乳，另外像一份水果、一个茶冻等低热量的点心也可以。如果是晚餐之后想吃东西，不妨煮锅蔬菜汤喝。

（8）不要一边吃东西一边做其他事情。进食时细嚼慢咽，速度不要太快，这样有助于消化，也可以增加饱腹感，避免过度进食。

# 新妈妈月子护理

## ▶ 一、月子的概念

月子，医学上指的是产褥期。产褥期是指从分娩结束到产妇身体恢复至孕前状态的一段时间。在正常的妊娠过程中，胎儿以及胎盘娩出以后，子宫恢复和胎盘剥离后的创面完全愈合大概需要6周。胎儿娩出以后的6周叫做产褥期，民间俗称"月子"。

## ▶ 二、月子期间的注意事项

### 1. 保证休息

新妈妈分娩后身心俱疲，需要美美地睡一觉，家属不要轻易去打扰她。睡足之后，新妈妈应吃些营养高且易消化的食物，同时要多喝水。以促使身体迅速恢复及保证乳量充足。

### 2. 尽早下床活动

一般情况下，经阴道正常分娩的产妇产后即可下床活动，但应注意不要受凉并避免冷风直吹。新妈妈也可以在医护人员指导下，每天做一些简单的锻炼，如产后体操，以利于身体恢复。

### 3. 注意个人卫生

"月子"里产妇的会阴部分泌物较多，每天应用温开水或1∶5 000的高锰酸钾溶液清洗外阴部，勤换会阴垫，保持会阴部清洁和干燥。新妈妈出汗多，要经常洗头、洗脚、勤换内衣裤，保持皮肤的清洁。洗澡以淋浴为宜。新妈妈进食次数较多，吃的东西也较多，如不注意漱口刷牙，容易使口腔内细菌繁殖，发生口腔疾病。居室内经常通风，室内温度不可太高，也不可忽高忽低。过去常有将门窗紧闭，不论何时产妇都要盖厚被的说法。这是十分危险的，尤其是在夏季，极易造成新妈妈中暑。

**4. 尽早母乳喂养**

分娩后乳房充血膨胀明显。尽早哺乳有利于刺激乳汁的分泌，还可以促进子宫收缩、复原。哺乳前后，新妈妈要注意保证双手及乳房的清洁卫生，防止发生乳腺感染和新生儿肠道感染。

**5. 合理安排产后性生活**

恶露未干净或产后42天以内，由于子宫内的创面尚未完全修复，所以要绝对禁止性生活。恶露较早干净的新妈妈，在恢复性生活时一定要采取可靠的避孕措施，因为产褥期受孕也是常见的事，应引起重视。

**6. 按时产后检查**

产后42天左右，产褥期将结束，新妈妈应到医院进行产后检查，以了解身体的恢复状况。万一有异常情况，可以及时得到医生的指导和治疗。

**7. 不要吹风，谨防受凉**

室温一般以25℃～28℃为宜。如果室内温度过高，产妇可以适当使用空调，但应注意空调的风不可以直接吹向新妈妈。新妈妈应穿长袖衣和长裤，最好还穿上一双薄袜子。新妈妈坐月子期间不可碰冷水，以防受凉或产生酸痛的现象。

## ▶ 三、月子期间饮食调理

**1. 春季饮食调养重点**

不吃燥热、辛辣、油腻的食物。春天正值菠菜、白菜、苋菜等时令蔬菜生长的季节，新妈妈可通过食用这些时令蔬菜来补充维生素、膳食纤维、叶酸及钙、铁元素等营养物质。此外，南方春天较潮湿，日常饮食宜清淡，汤水不宜太浓，可适量放点姜，以帮助体内祛湿。油腻的食物容易加重便秘，也会妨碍乳汁分泌，且会通过乳汁刺激宝宝诱发湿疹、腹泻等疾病。让新妈妈喝红糖水、鸡汤、鱼汤、小米粥，吃水煮蛋的习俗都是很好的，有助于新妈妈补血和减轻疲倦感。如果再搭配适量的新鲜蔬菜、水果，就更有益于新妈妈身体复原和哺乳。

### 2. 夏季饮食调养重点

补充水分。平时应多喝果蔬汁等，以补充流汗所失水分，以免奶水不足。也可以喝一些薄荷茶。薄荷茶不但可以补充水分，还有助于缓解闷热的感觉。多吃新鲜的应季瓜果，既可补充水分，又可以补充膳食纤维和维生素。

### 3. 秋季饮食调养重点

进补。秋天早晚温差较大，正是进补的季节。秋季盛产的绿叶蔬菜中，最著名的要属菠菜和甘蓝了。菠菜含有丰富的叶酸和锌，甘蓝则是很好的钙源。月子期，每天如能保证吃上一大盘蔬菜沙拉，那就最好不过了。另外，还可以吃些滋阴润燥的果仁、梨、百合、银耳、薏米等食物。

### 4. 冬季饮食调养重点

禁寒凉。新妈妈应吃些营养高且易消化的食物，同时要多喝水，以促使身体迅速恢复及保证乳量充足。冬季时除了注意防寒，还需增加维生素C的摄取量，以提高身体的免疫力。如果想吃水果可以将水果稍加热食用。冬季分娩的新妈妈身体虚弱，再加上气温低、空气干燥，容易受到皮肤瘙痒、静电骚扰、口角炎、鼻子痒痛的困扰，所以冬季新妈妈应该注意居室保湿，多吃富含维生素的食物，并且注意室内的卫生。

# 关心新妈妈的心理健康，积极应对产后抑郁

一般来说，产后新妈妈的心理变化可分为3种。

首先，产后郁闷。其发生概率为50%~70%，在产后3~6天发生。其主要症状包括情绪不稳、失眠、暗自哭泣、郁闷、注意力不集中、焦虑等，持续时间为1周左右。

其次，有些新妈妈会出现较为严重的症状，如郁郁寡欢、食欲不振、无精打采，甚至常常会无缘无故地流泪或对前途感觉毫无希望，更有甚者会有罪恶感产生，失去生存欲望，这就是比较严重的产后抑郁症了。

再次，产后精神病。新妈妈出现沮丧的心情、幻觉、妄想、自杀或杀婴的精神病症状，此时新妈妈已经患有严重的"产后精神病"。

## 1. 家属关心，自我调节

体力、精力的恢复是避免产后抑郁症的关键。护士和家人应主动关心她们，帮助新妈妈认同母亲的角色，建立积极健康的心态。新妈妈本人要注意多休息，保证充足的睡眠；不要强迫自己做不想做的事，保持情绪稳定；多和亲人沟通，有助于排解心里的不快。

另外，产后抑郁完全可以预防。新妈妈本身要保持心情舒畅，对自身的心理变化要有意识地控制，切不可听之任之发展为忧郁、愁闷。家人要营造一种温馨和睦的家庭氛围。特别是丈夫的体贴、关爱，对新妈妈预防产后抑郁症极其重要。家人切忌只顾孩子，把新妈妈晾在一边无人过问。

## 2. 特别提示

（1）独生女更易患产后抑郁。独生子女群体独有的心理特点易使产后抑郁高发。从成长到结婚、怀孕、生育，她们几乎一直是家庭的中心，一旦

生完孩子，一家人的重心一下子都转移到新出生的孩子身上，新妈妈多少会有失落的心理。

（2）关键人物：丈夫！生孩子不仅仅是女人的事。妻子怀孕、生产，丈夫是她最亲密的守护者，要给予她生活上的照顾和精神上的鼓励。尤其是在分娩后，妻子处在最虚弱的时期，精神上比较敏感、容易有产后抑郁的倾向，此时妻子更需要丈夫的帮助、抚慰和鼓舞。如果妻子已经"抑郁"了，做丈夫的可不能袖手旁观。这时候，丈夫是妻子最直接的力量与勇气来源。

首先，丈夫要在心态上自我调整，放松心情，做好打持久战的准备。因为抑郁症不同于其他单一的心理问题，需要同时调理身体和心理，一般治疗时间会在3个月以上。因人性格特点、行为模式不同，治疗疗程更会有很大不同。

其次，面对妻子的问题，要分清哪些是疾病症状，哪些是需要解决的问题本身。这样做有助于减轻丈夫自己的压力。

再次，监督妻子按时服药，尽力创造条件去就医。有的新妈妈会以宝宝还小无法脱身为由，拒绝或者拖延就医。所以丈夫要想办法安排好宝宝，让妻子放心去治疗。

最后，丈夫自己要有一个好的人际关系支持系统，如家人、朋友、亲戚等，在自己很累或压力大的时候，能随时找到帮手；或者需要倾诉时，能有人倾听。

尽自己所能，向妻子表达对她生下宝宝的感激之情和对她的爱。因为治疗的同时，情感支持也是女性尽快康复的动力之一。

### 3. 改善产后抑郁

（1）创造安静，舒适的环境。新妈妈经历阵痛，分娩，体力和精力消耗巨大，产后需要充分休息。过度的困乏直接影响新妈妈的情绪。应提高护理工作的效率，治疗、护理时间要相对集中，减少不必要的打扰。落实陪伴制度，特别是亲朋好友的探视。

（2）营造良好的家庭氛围。良好的家庭氛围，有利于家庭成员角色的获得。家庭成员除在生活上关心、体贴新妈妈外，还要有同情心，倾听其倾诉，帮助解决实际问题，使其从心理上树立信心，消除苦闷心境，感到自己在社会、在家庭中及家人心目中的地位。

（3）帮助新妈妈认同母亲角色，做好母乳喂养的宣教。初为人母，对如何喂养好自己的孩子，如何正确理解他们的行为，往往感到十分困难。这时家人应主动与新妈妈交流，倾听她们的想法和感受，表现出同情心，主动关心她们，鼓励她们积极有效地锻炼身体，保持愉快的心情，教会她们护理孩子的一般知识和技能，讲述母乳喂养的优点，进行母乳喂养的指导，帮助她们树立自信心，使之发挥母亲的作用，关心、爱护婴儿。

**注意事项**

做丈夫的，在妻子孕中、产后要对妻子多加体贴和关怀，这对于消除妻子的不安心理、稳定情绪、防止产后抑郁十分重要。当妻子生下宝宝后，沉浸在升级做爸爸的喜悦当中的丈夫，千万不要忽略对妻子的关爱，帮助她安然度过容易出现抑郁的产后期。

分娩和哺乳是人类正常的生理现象，对于初产妇是一个应激因素，由于社会角色的完全改变；对她们的认知和行为有很大的影响，容易超越正常界限造成病理性改变，其中以发生在产后的抑郁最常见，从而直接影响了母乳喂养。我们要多关怀产妇，让她能身心健康地照顾宝宝和自己！

# 第四部分

## 新生儿的照护

# 新生儿生理特点

新生儿是指刚生下来到满月这段时间的孩子。新生儿在生理方面，有许多与成年人不同的特点，了解这些特点对于做好新生儿的护理是很有必要的。

## ▶ 一、体重和身长

新生儿出生体重平均3 200克左右，在2 500～4 000克的范围内都属于正常，低于2 500克的为低出生体重儿，高于4 000克的为巨大儿。出生后3～4天内由于排泄大小便，以及身体表面水分的蒸发，体重会下降200～300克。这是"生理性体重下降"，10天左右就可恢复。

我国足月新生儿的标准身长为50厘米左右。这是平均值，具体到每个新生儿都会有个体差异。

## ▶ 二、头围和胸围

一般头围31～35厘米，胸围比头围少1厘米左右。出生后6个月前后，头围和胸围大致相同。1岁后，胸围会超过头围。

## ▶ 三、呼吸和脉搏

新生儿在出生10～12小时，从胸式呼吸变为腹式呼吸。开始时新生儿呼吸没有规律，以后逐渐地稳定下来。呼吸次数每分钟30～50次。脉搏也没有规律，一会儿快，一会儿慢，每分钟大约为120次。新生儿刚哭完和刚吃完奶，或发生呼吸障碍，脉搏频率会增加。

测量呼吸数和测量体温一样，要在新生儿安静时，把手放在新生儿腹部上，以上下起伏一回为一次。1分钟呼吸60次以上或30次以下的新生儿需要医生检查治疗。

## ▶ 四、体温

新生儿体温在出生时为37℃～38℃，出生后不久即开始下降，2～3天回升到36℃～37℃。

新生儿不能妥善地调节体温，因为他们的体温调节中枢尚未成熟，皮下脂肪薄，体表面积相对较大而易于散热，体温会很容易随外界环境温度的变化而变化。所以针对新生儿，一定要定时测体温。每隔2～6小时测一次，做好记录（每日正常体温应在36℃～37℃范围内波动）。新生儿一出生便要立即采取保暖措施，尤其是寒冬季节，这样可防止体温下降。

## ▶ 五、皮肤

刚出生的宝宝皮肤外观不尽相同，这与宝宝出生时的孕周有关。早产儿的皮肤较薄，看上去透明，可能还覆盖着一层细软的绒毛——胎毛。他们身上可能还有一层胎脂，这是一种白色的奶酪状物质。

刚出生的足月婴儿，身体软乎乎的，关节的屈曲部、臀部被胎脂（脂肪）覆盖着。出生3～4天婴儿的皮肤开始"落屑"，即全身的表皮变得干燥、零零散散地剥落下来。一周左右可以自然干净，不能硬往下揭。此后皮肤逐渐柔软光润，呈现粉红色了。

## ▶ 六、体态

新生儿神经系统发育尚不完善，对外界刺激的反应是泛化的，缺乏定位。新生儿的身体某个部位受到刺激时，全身都会发出动作。清醒状态下，新生儿总是双拳紧握、四肢屈曲、显出警觉的样子；受到声响刺激，四肢会突然由曲变直、出现抖动，这是新生儿对刺激的泛化反应。新生儿颈、肩、胸、背部肌肉尚不发达，不能支撑脊柱和头部，所以不能竖着抱新生儿，必须用手把新生儿的头、背、臀部固定好，否则会造成脊柱损伤。这也是减少新生儿溢乳的有效方法。

## ▶ 七、小便和大便

新生儿在生后36小时之内排尿都属正常。随着哺乳摄入水分，新生儿的尿量逐渐增加，每天可排尿10次以上，日总量可达100～300毫升，满月前后可达250～450毫升。新生儿尿的次数多，这是正常现象，不要因为新生儿老尿，就减少给水量。尤其是夏季，如果喂水少，室温又高，新生儿会出现脱水热。尿布湿了应及时更换，会阴部要勤洗。

新生儿出生后24小内排出一些黑绿色、黏稠状、没有臭味的大便，称作胎便。这是消化道中的分泌物、胆红素、肠道脱落的上皮细胞、咽下的羊水等的混合物。从第二天开始大便掺有黄色，称作过渡便。第五天左右大便将完全变成黄色，具有母乳喂养其大便所特有的甜酸臭味。大便的次数一般一天3～4次。非母乳喂养的新生儿大便稍干些，次数也少些；母乳喂养的新生儿大便稍稀。若新生儿出生后24小时尚未见排胎便，则应立即请医生检查，看是否存在肛门等器官畸形。平常在新生儿大便后应洗臀部并拭干。

## ▶ 八、睡眠

新生儿期一般一天睡18～20小时，以后睡眠时间渐渐缩短。睡眠的长短有个体差异。

现实生活中，吃完奶就鼾睡的新生儿占大多数，但有的新生儿比较爱哭，导致睡眠较少。这主要是没吃饱、居室温度不适宜、环境噪声以及新生儿的皮肤尤其是胯部和背部出现异常等的影响。睡眠对新生儿很重要，要充分注意室温和寝具，为其创造一个温馨、舒适的睡眠环境。

## ▶ 九、脐带

脐带在新生儿出生后1周左右即可脱落。

脱落后总不见干燥或者有出血、化脓现象时，应请医生诊治。暂时性的有少量褐色液体流出时，不必担心。要用酒精消毒，注意保持洁净。

### ▶ 十、乳腺和性器官

刚出生的新生儿的生殖器会显得较大（不论男孩还是女孩），如蚕豆或鸽蛋大小，属正常生理现象，切忌挤压。男婴的睾丸会停留在他的腹股沟处，但不久就会降落下来。有的女婴出生后，于第5～7天可见阴道少量出血，称为"新生儿月经"，又称"假月经"，不需特殊处理。这是由于母体内雌性激素的影响所造成的，持续1～2天会自行消止。

### ▶ 十一、生理性黄疸

有50%～70%的正常新生儿，在出生后的第2～3天会出现皮肤、黏膜、巩膜黄染。这一现象于第4～6天最严重，在足月儿出生后10～14天，黄染现象消退。早产儿黄染现象的消退可延迟到出生3周后。发生生理性黄疸的原因主要是胆红素产生过多，而肝酶系统发育不完善，导致胆红素在血液中积蓄。

## 新生儿常见的病理现象和临床特点

### ▶ 一、新生儿湿疹

新生儿湿疹一般发生在面部两侧，前额、下颌也有发生。有的孩子在耳部也会出现湿疹。刚开始时是一些红疹，接下去会渗出黄色的分泌物，之后结痂。新生儿脸上长出一粒粒白色的小颗粒，颗粒周围泛湿疹，一般在4～6个月后可以逐渐自愈，也有部分宝宝到1～2岁才好转。

湿疹发生的内在因素是患者本身具有过敏性体质，这在湿疹的发病中起主导作用。内在环境的不稳定如慢性消化系统疾病、紧张、失眠、过度疲劳、情绪变化等，以及感染病灶、新陈代谢障碍等，均可诱发湿疹或加重新生儿湿疹病情。

湿疹发生的外在因素也很多，包括饮食、吸入物、气候、接触过敏物等。其中牛奶、花粉、尘螨，寒冷天气，接触化学物品、肥皂、洗涤剂等是新生儿湿疹最常见的诱因。尽量寻找过敏源，但往往有困难。

避免有刺激性的物质接触皮肤，不要用碱性肥皂或过烫的水洗患处，不要涂化妆品或任何油脂。室温不宜过高，否则会使湿疹痒感加重。衣服要穿得宽松些，以全棉织品为好。药膏涂抹得要稀薄。对宝宝的举动要稍加注意。一般情况下不会出现不良影响。

## ▶ 二、新生儿惊厥

惊厥俗称"抽风"，是新生儿常见的症状，在早产儿中更为多见。大多数情况下，惊厥是危重疾病的一种表现。一旦发现新生儿惊厥，应立即送到医院进行进一步的检查和治疗。

新生儿惊厥发作持续时间较短，动作较小，又由于许多新生儿被包得严严实实，因此如不仔细观察很难发现新生儿抽风的动作。新生儿惊厥有多种表现形式，可以是面部小肌肉的抽动、眼睛的斜视、眼睑和面部小肌肉的抽动、嘴部类似吸吮的动作，也可以是一个肢体、一侧肢体或双侧肢体抽动。有时局部小的抽搐与新生儿的正常动作不易区别。

抽搐与新生儿的正常动作区别如下：

（1）姿势的改变。正常的新生儿肢体常呈屈曲状态，但又非过分屈曲，腕、膝、肘、踝等关节的角度一般不小于90°，打开包被四肢常不规则地舞动。如四肢各关节角度小于90°，说明肌张力增强；若四肢松软、伸直，全身成"大"字形，说明肌张力低下。

（2）面色改变。新生儿严重惊厥时，常伴有短时间的面色发白或青紫，有时可同时伴有口吐白沫。

（3）眼神的改变。新生儿惊厥时大部分同时伴有短时间的意识丧失，表现为失神、瞪眼或斜视等，还会伴有神志、面色、肌张力等的改变，仔细观察不难识别。

## ▶ 三、新生儿呼吸暂停

我们有时会碰到这样的情况，宝宝会突然停止呼吸几秒或更长时间，然后又自行恢复正常呼吸，脸色及心跳没有改变，这些属正常现象。而我们所说的呼吸暂停，是指呼吸停止时间达20秒以上，伴有面色发绀、心率减慢至100次/分以下、肌张力下降的表现。这是由于新生儿呼吸中枢发育不成熟，呼吸系统发育尚不完善，生理功能不稳定所造成的。所以这在早产儿尤其多发。有40%～50%的早产儿发生呼吸暂停。此外，窒息、肺炎、心血管先天性畸形、感染、核黄疸、低血糖、低血钙及突然的冷热刺激等也可导致呼吸暂停。如呼吸暂停发作频繁，会有生命危险。

## ▶ 四、新生儿肺炎

肺炎是婴幼儿的一种常见病。年龄越小发病率越高，而且患病后危险性较高。体弱儿和佝偻病、贫血、营养不良及有先天畸形的新生儿，更容易患肺炎，并且病情重，身体恢复慢。

新生儿的胸廓发育相对不健全，呼吸肌软弱无力，因此新生儿患肺炎时，不像大一些的孩子那样出现明显的咳嗽，也不会出现发烧、气喘等症状，有时只表现出吸吮差、容易呛奶、较轻地哭泣、嘴里像螃蟹似的吐泡沫等。很多父母往往会误认为是感冒或其他问题。但抱患儿去医院时，却经常会被医生发现肺炎病情已发展得很危险的程度了，所以死亡率较高。

新生儿患肺炎时，很多时候在肺部也听不到特有的湿罗音，除非拍X光片才能明确诊断。世界卫生组织推荐通过计数呼吸次数，及早发现新生儿肺炎。由于正常的新生儿的呼吸节律并不规则，一阵快一阵慢，有时甚至有短暂的停止，所以在数1分钟的呼吸次数时不能采取数15秒再乘以4的方法，正确做法是要数满1分钟。

还有一现象可帮助父母识别。新生儿患肺炎时会出现胸凹陷，即吸气时胸壁明显下陷。这是病情严重的表现。为了准确起见，以上现象要在安静状态下观察。同时父母要注意观察孩子有无烦躁不安、精神不好、吃奶差、呛奶并奶汁从鼻中流出、嘴吐泡沫等表现。

## ▶ 五、新生儿病理性黄疸

在新生儿黄疸中，有少数属于病理表现，如以下现象：①一出生就出现了黄疸，或在出生后24小时内出现明显的黄疸；②皮肤黄疸程度较重，除了面部、躯干、四肢外，手掌和脚掌也变黄；③皮肤黄疸持续时间长，足月儿中超过2周以上或更长的时间，早产儿中超过3周；④皮肤黄疸时轻时重，不是越来越轻；⑤黄疸消退后重新又出现。一旦出现以上等情况，父母要注意，及早带孩子就医。

病理性黄疸往往在皮肤发黄的同时，还伴有不愿吃奶、吸吮力弱、精神不佳、呕吐、腹泻、发烧或体温低、大便颜色发白等表现。这些表现是由新生儿溶血病、败血症、肝炎、胆道畸形、内脏出血等疾病所引起的。

一旦怀疑孩子患有病理性黄疸，应及早去医院进行详细检查，确定后及时治疗，避免病情进一步发展，引起核黄疸。核黄疸有引起智力发育障碍的可能，甚至会导致死亡。

## ▶ 六、新生儿化脓性脑膜炎

新生儿化脓性脑膜炎是新生儿期严重感染之一，和败血症关系密切。本病死亡率高，后遗症多。不论产前、产时或产后感染都可能发生化脓性脑膜炎。例如，母亲患败血症、羊膜早破、胎粪吸入、难产、出生后皮肤破损、脐部感染等都可能引发新生儿化脓性脑膜炎。

新生儿得脑膜炎的最早表现是精神异常，如阵阵尖哭、易惊、易激动、精神萎靡，随后不哭，最后昏迷。早产儿则表现为不哭、嗜睡、面色灰白、两眼凝视。如果发现迟，即使幸存也会合并脑积水、硬膜下积液、耳聋、皮质盲及智能低下。

### ▶ 七、新生儿结膜炎

新生儿的免疫功能还未成熟，对病原的抵抗力较弱；加上泪腺尚未发育完善，眼泪较少，不容易将侵入眼睛里的病原冲洗掉。这样，病原易在眼部生长繁殖，引发结膜炎。

金黄色葡萄球菌、流感杆菌、淋球菌、肺炎球菌、大肠杆菌和沙眼衣原体等，是引起新生儿结膜炎的主要病原。在自然分娩的情况下，胎头需要经过母亲的阴道。如果阴道存在这些病菌，就容易使宝宝感染，可能发生"新生儿结膜炎"。

新生儿的眼睛被病原感染后，一般在出生后5～14天发病，表现为眼睑肿胀，结膜发红、水肿，同时眼睛有分泌物。分泌物一开始为白色，但可能会很快转为脓性，变成黄白色。可能一侧眼部先被感染，随着病情发展，另一侧眼睛也被感染。若未及时护理和治疗，炎症会侵犯角膜，影响视力发育。

新生儿结膜炎需要从孕期开始预防。特别提醒的是，如果母亲在怀孕期间白带增多，并呈脓性，或是父亲感染了淋病，要立即去医院进行彻底治疗，以避免新生儿在出生时被淋球菌感染，患上"新生儿淋菌性眼结膜炎"。该病感染严重时，病菌可迅速侵犯角膜，治疗不及时会造成角膜穿孔，导致失明，对新生儿的健康危害极大。

新生儿出生后，马上使用眼药预防病菌感染。父母在护理时，一定注意保持双手及衣物清洁，千万不能随意用不干净的物品擦洗宝宝的脸和眼。

如果宝宝发生了结膜炎，对所使用过的物品，特别是毛巾、手帕要进行煮沸、晾晒消毒。当眼部红肿明显、脓性分泌物过多及眼球充血时，一定要及时去眼科诊治，不得延误。

眼部发生炎症时一定要用正确的方式进行护理。每次清除眼部分泌物时，切记先用流动的清水将手洗净，再将消毒棉签在温开水中浸湿后，轻轻擦洗新生儿眼部的分泌物。

如果睫毛上粘着较多分泌物，可用消毒棉球浸上温开水湿敷一会儿，然后换一个湿棉球从眼内侧向眼外侧轻轻擦拭。要注意，一次用一个棉球，用过的棉球不能再用，直到擦干净为止。清洗完后，在医生指导下滴用抗生素眼药。

# 新生儿黄疸是怎么回事

## ▶ 一、新生儿黄疸

黄疸又称黄胆，俗称黄病，是一种由于血清中胆红素升高致使皮肤、黏膜和巩膜发黄的症状。某些肝脏病、胆囊病和血液病经常会引发黄疸的症状。

部分新生儿在出生后的第2～3天会出现皮肤、黏膜、巩膜黄染现象。此现象于第4～6天最严重。这是由于体内胆红素沉积在皮肤表面所致，医学上称之为新生儿黄疸。

## ▶ 二、成因

### 1.胆红素生成多

（1）红细胞破坏多。胎儿在子宫内处于低氧环境，红细胞代偿性增多，但寿命短，出生后血氧含量增高，过多的红细胞被迅速破坏。

（2）血红素加氧酶含量高。在生后7天内含量高，产生胆红素的潜力大。

**2. 肝功能不成熟**

（1）肝细胞内Y、Z蛋白含量不足，肝对胆红素摄取能力差。

（2）肝内葡萄糖醛酸转移酶含量低且活力不足，肝结合胆红素的功能差。

（3）肝排泄胆红素功能差，易致胆汁淤积。

**3. 肠－肝循环特点**

新生儿刚出生时肠道内正常菌群尚未建立，不能将进入肠道的胆红素转化为尿胆原（粪胆原）。

由于上述特点，新生儿摄取、结合、排泄胆红素的能力明显不及成人，且胆红素产生多而排泄少，所以很容易出现黄疸。尤其新生儿在缺氧、胎粪排出延迟、喂养延迟、呕吐、脱水、酸中毒、头颅血肿等情况时，会加重黄疸症状。

### ▶ 三、分类

新生儿发生黄疸可能是生理性的，也可能是病理性的。如果是生理性黄疸，不需要特殊处理就可以自行消退。病理性黄疸是由于疾病所引起的，胆红素的代谢异常。病理性黄疸发生在新生儿的特定时期，使黄疸症状明显加重，并容易与生理性黄疸相混淆。病理性黄疸分为感染性黄疸和非感染性黄疸。感染性黄疸由细菌或其他病原，如病毒、梅毒螺旋体、弓形虫等感染所致；非感染性黄疸有溶血性黄疸、胆道闭锁和遗传性疾病等。

除生理性和病理性黄疸外，还有一种新生儿黄疸称为母乳性黄疸。其特点如下：黄疸程度较生理性高；黄疸持续时间长，有的可持续三个月之久。但婴儿一般情况良好，无引起黄疸的其他病因可发现。停喂母乳后3天，黄疸下降明显。母乳性黄疸与肠道重吸收胆红素有关。母乳性黄疸一般不会引起胆红素脑病。但值得注意的是，要诊断母乳性黄疸必须先排除病理性黄疸。

▶ **四、辨别新生儿黄疸**

仔细观察新生儿的黄疸变化，区别新生儿黄疸是生理性黄疸还是病理性黄疸对于治疗十分重要。

**1. 生理性黄疸**

新生儿生理性黄疸一般不深，其特点如下：

（1）黄疸一般在生后2～3天开始出现。

（2）黄疸逐渐加深，在第4～6天达高峰，以后逐渐减轻。

（3）足月出生的新生儿，黄疸一般在生后2周消退，早产儿一般在出生后3周消退。

（4）黄疸程度一般不深，皮肤颜色呈淡黄色，黄疸常只限于面部和上半身。孩子的一般情况良好，体温正常，食欲正常，大小便的颜色正常，生长发育正常。

（5）化验血清胆红素超过正常20毫克/升，但小于120毫克/升。如果孩子的黄疸属于这种情况，父母即不必担心。

**2. 病理性黄疸**

病理性黄疸有下列特征：

（1）黄疸出现时间过早，于出生后24小时内出现。

（2）黄疸消退时间过晚，持续时间过长，超过正常的消退时间，或黄疸已经消退而又出现，或黄疸在高峰时间后渐退而又进行性加重。

（3）黄疸程度过重，常波及全身，且皮肤黏膜明显发黄。

（4）检查血清胆红素时，胆红素超过120毫克/升，或上升过快，每日上升超过50毫克/升。

（5）除黄疸外，伴有其他异常情况，如精神疲累、少哭、少动、少吃、体温不稳定等。

病理性黄疸严重时可并发胆红素脑病，通常称"核黄疸"，造成神经系统损害，导致儿童智力低下等严重后遗症，甚至死亡。因此，当新生儿出现黄疸时，如有以上5个方面中的任何一项，就应该引起父母的高度重视，这样就能早期发现病理性黄疸以便及时治疗。

## ▶ 五、护理

（1）判断黄疸的程度。家长可以在自然光线下，观察新生儿皮肤黄染的程度，如果仅仅是面部黄染，为轻度黄疸；躯干部皮肤黄染，为中度黄疸；如果四肢和手足心也出现黄染，为重度黄疸。

（2）观察大便颜色。如果大便成陶土色，应考虑病理性黄疸。这种状况多由先天性胆道畸形所致。如果黄疸程度较重、出现伴随症状或大便颜色异常应及时去医院就诊，以免耽误治疗。

（3）尽早使胎便排出。因为胎便里含有很多胆红素，如果胎便不排干净，胆红素就会经过新生儿特殊的肝肠循环重新吸收到血液里，使黄疸增高。

（4）给新生儿充足的水分，小便过少不利于胆红素的排泄。

## ▶ 六、新生儿黄疸预防

### 1. 看父母血型

妈妈是O型血，爸爸是A型血或者AB型血，新生儿出现黄疸的概率偏高。这种新生儿黄疸就是溶血性黄疸，由母亲与胎儿的血型不合而引起。溶血性黄疸最常见原因是ABO溶血，以母亲血型为O、胎儿血型为A或B最多见。因此，父母血型是影响新生儿溶血性黄疸的主要因素。当然，爸妈也无须太过紧张，不是所有ABO系统血型不合的新生儿都会发生溶血。据报道新生儿ABO血型不合溶血的发病率为11.9%。

夫妻双方如血型不合（尤其母亲血型为O，父亲血型为A、B或AB），或者母亲RH血型呈阴性，需要定期做有关血清学和羊水检查，并在严密监护下分娩，以防止新生儿溶血症的发生。

**2. 注意饮食**

怀孕期间，孕妈妈要注意饮食有节，忌生冷的食物，也不要吃太饱或者让自己太饿，并忌烟酒和辛热之品，以防损伤脾胃。新妈妈应多补充富含维生素C的蔬果，如苹果、猕猴桃、西红柿等食物。

# 早产儿的护理

## ▶ 一、什么是早产儿

人类正常妊娠期从母亲末次月经的第一天开始计算，为期约280天。胎龄在37周以前出生的活产婴儿称为早产儿或未成熟儿。其中，胎龄小于37周（259天）的新生儿称为早产儿，胎龄小于32周（224天）的则为极度早产儿。早产儿出生体重大部分在2 500克以下，头围在33厘米以下。少数早产儿体重超过2 500克，但其器官功能和适应能力较足月儿差者，仍应给予早产儿特殊护理。

另外，不管其孕期长短，出生体重小于2 500克，称为低出生体重儿；出生体重在1 000～1 499克间称为极低出生体重儿；出生体重小于1 000克为超极低出生体重儿。

## ▶ 二、早产儿特点

**1. 外在**

（1）头部：头大，头长为身高的1/3，囟门宽大，颅缝可分开，头发呈短绒样，耳壳软，缺乏软骨，耳舟不清楚。

（2）皮肤：呈鲜红色，薄嫩，水肿发亮，胎毛多（胎龄愈小愈多），胎脂丰富，皮下脂肪少，趾（指）甲软，不超过趾（指）端。

（3）乳腺结节：胎龄小于36周岁者，不能触到；胎龄大于36周的，可触到直径小于3毫米的乳腺结节。

（4）胸腹部：胸廓呈圆筒形，肋骨软，肋间肌无力，吸气时胸壁易凹陷，腹壁薄弱，易有脐疝。

（5）跖纹：仅在足前部见1～2条足纹，足跟光滑。

（6）生殖系统：男性睾丸未降或未全降。女性大阴唇不能盖住小阴唇。

**2. 呼吸系统不成熟**

因呼吸中枢和呼吸器官发育不成熟，呼吸功能常不稳定，部分可出现呼吸暂停。有些早产儿因肺表面活性物质少，可发生严重呼吸困难和缺氧，称为肺透明膜病。这是导致早产儿死亡的常见原因之一。

**3. 消化吸收能力弱**

吸力和吞咽反射均差，胃容量小，易发生呛咳和溢乳。消化和吸收能力弱，易发生呕吐，腹泻和腹胀。肝脏功能不成熟，生理性黄疸较重且持续时间长。肝脏储存的维生素K少，各种凝血因子缺乏，易发生出血。此外，早产儿体内其他营养物质如铁、维生素A、维生素D、维生素E、糖原等，存量均不足，容易发生贫血、佝偻病、低血糖等。

**4. 体温调节中枢发育不成熟**

体温调节中枢发育不成熟，皮下脂肪少，体表面积大，肌肉活动少，自身产热少，更容易散热。因此常因为周围环境寒冷而导致低体温，甚至硬肿症。

**5. 神经反射差**

各种神经反射差，常处于睡眠状态。体重小于1 500克的早产儿还容易发生颅内出血，应格外引起重视。

**6. 免疫功能差**

早产儿的免疫功能较足月儿差，对细菌和病毒的清除能力不足，从母体获得的免疫球蛋白较少。由于对感染的抵抗力弱，容易引起败血症，其死亡率亦较高。

### ▶ 三、早产儿的护理要点

#### 1. 防止感染

除专门照看孩子的人（母亲或奶奶）外，最好不要让其他人走进早产儿的房间，更不要把孩子抱给外来的亲友看。专门照看孩子的人，在给孩子喂奶或做其他事情时，要换上干净、清洁的衣服（或专用的消毒罩衣），洗净双手。母亲患感冒时应戴口罩哺乳，哺乳前应用肥皂及热水洗手，避免交叉感染。

#### 2. 注意保暖

对早产儿要注意保温问题，但保温并不等于把孩子捂得严严的。室内温度要保持在20℃～25℃，室内相对湿度55%～65%之间。如果室内温度低，可以考虑用暖水袋给孩子保温，但千万注意安全。婴儿体温应保持在36℃～37℃。上、下午各测体温1次。如同一天最高体温或最低体温相差1℃时，应采取相应的措施以保证体温的稳定。当婴儿体重低于2.5千克时，不要洗澡，可用食用油每2~3天擦擦婴儿脖子、腋下、大腿根部等皱褶处。若婴儿体重3千克以上，每次吃奶达100毫升时，可与健康新生儿一样洗澡。但在寒冷季节，要注意洗澡时的室内温度和水温。

#### 3. 精心喂养

早产儿更需要母乳喂养。因为早产儿妈妈乳汁中所含的营养物质较足月儿妈妈乳汁中的多，能充分满足早产儿的营养需求，且母乳易于早产儿消化吸收。母乳还能提高早产儿的免疫能力，对预防感染有很大作用。所以妈妈要想办法让宝宝吃到母乳，或者想办法让宝宝出院后吃到母乳。妈妈要尽可能地与宝宝接触。如孩子住院的医院有母婴同室病房，妈妈一定要陪伴宝宝住入母婴同室病房。对不能吸吮或吸吮力弱的宝宝，妈妈要按时挤奶（至少每三小时挤一次），然后将挤出来的奶喂给宝宝。

### 4. 婴儿抚触

抚触给宝宝带来的触觉上的刺激会促进孩子智力的发育。抚触还可以使孩子减少哭闹，更好地睡眠。而腹部的按摩，可以使孩子的消化吸收功能增强。

### 5. 其他注意事项

有下列情况时，应及时与医生联系：① 体温下降到35℃以下，或上升到38℃以上，采取相应的升温或降温措施后，仍没有效果者；② 咳嗽、吐白沫、呼吸急促时；③ 吃奶骤减，脸色蜡黄，哭声很弱时；④ 突然发生腹胀时；⑤ 发生痉挛、抽搐时。

在护理早产儿时，千万不要急躁，要精心，多观察宝宝变化，但不要过分紧张。只要科学调理，宝宝一定会健康成长的。实践证明，2岁前是弥补先天不足的宝贵时间。只要科学地喂养，在2周岁以前早产儿的体质赶上正常儿是完全可能的。这样的早产儿，体力、智力都不会比正常人差。

# 新生儿脐部的护理

胎儿在子宫的时候，主要通过脐带和母体保持沟通。在新生儿出生之后，医生会采用一种无痛的形式剪断脐带，让宝宝脱离母体。剪断的脐带对于新生儿来说是一个新的伤口。一般情况下，宝宝的脐带被剪断之后颜色会逐渐变黑，伤口也会慢慢愈合。经过1～2周的时间，脐带就可以自然脱落（图4-1）。脐部护理不当很容易造成感染发炎，新生儿脐带如何护理呢？

## ▶ 一、新生儿脐部的护理的两个阶段

### 1. 第一阶段：脐带未脱落之前

脐带被剪断后便形成了创面。这是细菌侵入新生儿体内的一个重要门

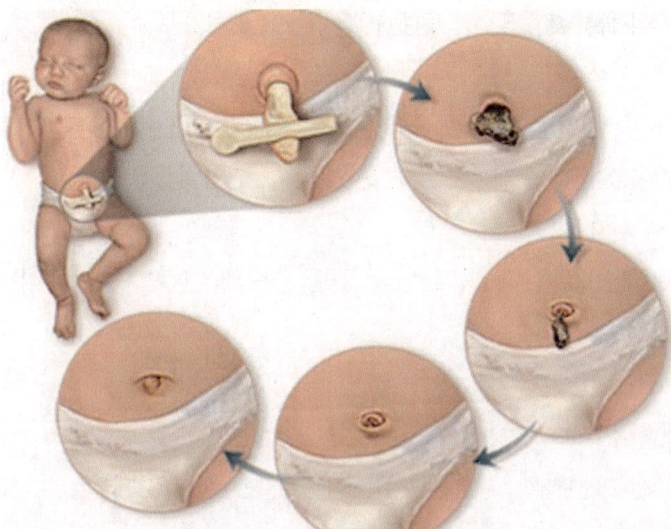

图4-1 新生儿脐带被剪断后脐部的变化

户，轻者可造成脐炎，重者可能导致败血症和死亡，所以脐部的消毒护理十分重要。在脐带未脱落以前，需保持局部清洁干燥，特别注意尿布不要盖到脐部，以免排尿后湿到脐部创面。要经常检查包扎的纱布外面有无渗血。如果出现渗血，则需要重新结扎止血；若无渗血，只要每天用75%的酒精棉签轻拭脐带根部。

2. 第二阶段：脐带脱落之后

脐带脱落后脐窝内常常会有少量渗出液，此时可用75%酒精棉签卷清脐窝，然后盖上消毒纱布。切忌往脐部撒消炎药粉，以防引起感染。如果脐窝有脓性分泌，其周围皮肤有红、肿、热，且宝宝出现厌食、呕吐、发热或体温不升（肛表温度低于35℃），提示有脐炎，应立即去医院诊治。

▶ 二、护理三大原则

1. 要保持干燥

在新生儿脐带脱落前应保持干燥，尤其是洗澡时不慎将脐带根部弄湿，应先以干净小棉棒擦拭干净，再执行脐带护理。

**2. 要避免摩擦**

纸尿裤大小要适当，千万不要使尿裤的腰际刚好在脐带根部，以免新生儿活动时摩擦到脐带根部，导致破皮发红，甚至出血。

**3. 要避免闷热**

绝对不能用面霜、乳液及油类涂抹脐带根部。这样不利于脐带干燥，甚至会导致感染。

## ▶ 三、脐带护理五个细节

（1）在护理脐部时一定要洗手，避免手上的细菌感染新生儿脐部。

（2）在脐带脱落前，新生儿洗澡时不要让脐带沾水。如果让新生儿游泳，一定要给宝宝脐部带上防水贴。

（3）脐带及其周围皮肤要保持干燥清洁，特别注意尿布不要盖到脐部，避免尿液或粪便沾污脐部创面。

（4）千万不要使用紫药水擦拭宝宝脐部。有的新生儿脐带很长时间不脱落，或脱落后化脓，有些老人就要给宝宝用紫药水擦拭。这个方法以前经常使用，但现在医学上不提倡这个方法。因为紫药水的干燥效果仅限于表面，而酒精可使脐部从里到外彻底干燥。

（5）每天要用75%的酒精棉签擦拭2遍，早晚各一次。在擦拭的时候，一手提起脐带结扎部位的小细绳，一手用沾过酒精的棉签充分擦拭脐带与肉连接的地方。

## ▶ 四、新生儿脐部出现哪些问题时需要就医

如果护理得当，新生儿脐带残端一般会在1～2周的时间内脱落。但是，也有些新生儿因为护理不当等原因出现一些异常。新生儿脐部出现以下几种状况，要及时就医。

1. 脐肉芽红肿

在宝宝脐痂脱落之后，脐带的根部会因为受到外界物质的刺激，出现一些很小的肉芽组织。这些肉芽伴有少量透明黏液，如果及时护理则容易愈合。但是，如果这些肉芽中出现的黏液有血迹，并伴有恶臭的味道，迟迟没有干燥愈合，要及时咨询医生。

2. 脐带发炎

如果脐带或者脐窝出现皮肤红肿和有异味的分泌物，表示脐部发炎，不应忽视。这种情况下，最好及时给宝宝清洗和消毒。如果长久没有好转要去医院就医。严重的脐部感染容易导致宝宝出现败血症。

3. 脐肠瘘

脐肠瘘又叫卵黄管未闭合。卵黄管是胚胎初期联系中原肠和卵黄囊的重要纽带。宝宝脐带脱落后，如果脐部出现鲜红的黏膜，并有肠内液体往外流出，说明卵黄管没有闭合。这种流出的液体会刺激宝宝的皮肤，导致皮肤糜烂等严重的情况，需要及时就医。

4. 脐部湿疹

由于护理不当，宝宝脐部可能出现红色的疹子或者糜烂等症状。有时候脐部瘙痒，宝宝乱抓，容易感染。建议保持脐部干燥，并及时咨询医生用药。

5. 脐疝

如果宝宝脐部过于薄弱，腹腔内容物就很容易突出来，这种情况就是脐疝。脐疝主要表现为脐部出现一个球形或者半球形的肿块，且肿块会出现随着宝宝的大哭而增大，不哭的时候就恢复的症状。一般在2岁以内脐疝可自然愈合，仅个别病例需手术治疗。

6. 脐茸

宝宝脐带脱落之后，如果在脐部的表面出现类似息肉的光滑鲜红的增生物，并伴有少许脓液，有可能就是脐茸。它不等同于脐肉芽肿，但二者治疗方法类似。

如果宝宝的脐带没有及时掉落，只要没有出现红肿或者化脓的状况，家长就无须过于紧张，只要科学护理，及时清洁就可以了。

# 新生儿喂养

## ▶ 一、新生儿有哪些营养需求

新生儿摄入的营养必须能够满足其维持基础代谢和生长发育对能量的需求。新生儿用于维持安静状态所需热量（包括基础代谢与食物特殊动力作用），约占总热量的50%；用于生长发育所需热量约占25%；用于活动所需约占25%。总热量长期供给不足可致消瘦、发育迟缓、抵抗力降低等。而总热量长期供给过多时，又可发生肥胖。实际中，热量总需求量主要依据年龄、体重来估计。每千克体重每日所需热量如下：新生儿第一周约为60千卡，第2~3周为100千卡。早产儿由于吸吮能力较弱，食物耐受力差，在生后一周内摄入的热量常不能达到以上需要。

## ▶ 二、新生儿每天喝奶的次数及时间

宝宝在出生后半小时内可以开始吃母乳。宝宝出生后第一小时是个敏感期，且在出生后20~30分钟的吸吮反射最强。如果此时没有得到吸吮体验，将会影响以后的吸吮能力。宝宝出生头两周里不宜规定喂养时间和次数，而应视实际情况来调节。宝宝因为胃小，每次吸入的奶量并不多，按需哺乳能够使宝宝吃饱喝足，更快地生长。

同时，勤吸吮也能刺激妈妈催乳素的分泌，让乳汁分泌更加旺盛，同时

还有助于妈妈消除奶胀，防止发生乳腺炎。但按需哺乳并不是只要宝宝一哭就喂奶。宝宝啼哭的原因有很多，尿湿了会哭，想要人抱了会哭，受到惊吓了也会哭。妈妈应该细心观察并准确判断，不要一哭就喂奶。喂奶太频繁了并不好，一方面会影响妈妈休息，另一方面还会使乳汁来不及充分分泌，造成宝宝每次都喝不饱。

## ▶ 三、如何判断宝宝是否喝饱了

人工喂养的情况下，可以根据宝宝每次吃奶量的多少知道宝宝是否吃饱。然而，母乳喂养的情况下，怎样知道宝宝是否吃饱？我们可以根据宝宝的表情、体重增长的情况来判断。

可以从乳房的胀满情况以及新生儿下咽的声音来判断宝宝是否喝饱。

（1）宝宝平均每吸吮2～3次，可以听到咽下一大口的声音。如此连续约15分钟就可以说明宝宝吃饱了。

（2）如光吸不下咽或咽得很少，说明奶量不足。

（3）宝宝吃奶后有满足感。如果宝宝吃完后会对妈妈笑，或是不哭了，或是马上安静入眠，说明宝宝吃饱了。

（4）如果吃奶后还哭，或是咬着奶头不放，或者睡不到两小时就醒，说明奶量不足。

此外，还可以观察宝宝的大、小便次数。正常情况下，宝宝24小时排尿至少6次；大便至少3次，呈金黄色。如果奶量不够，就会尿量不多，大便少且为绿色稀便。还可以看宝宝的体重。足月新生儿体重头1个月每天增长约25克，头1个月增加720～750克，第2个月增加约600克。如果宝宝体重低于正常体重，那么要考虑是不是喂养不当。

## ▶ 四、妈妈出现以下状况时不适合母乳喂养宝宝

（1）患有严重的心脏病、心功能不全者，患有严重的肾脏疾病、严重

的肝脏疾病、精神病、癫痫病等的妈妈均不宜母乳喂养宝宝，因为哺乳会增加母亲的负担，造成病情恶化。

（2）处于细菌或病毒急性感染期的妈妈也不宜哺乳，因为乳汁内含致病的细菌或病毒，可通过乳汁传给婴儿。并且感染期母亲常需使用药物，而大多数药物都可从乳汁中排出，如红霉素、链霉素等，这些药物均对宝宝有不良后果。所以，此期间妈妈应暂时中断哺乳，以配方奶代替，定时用吸奶器吸出母乳以防回奶，待妈妈病愈停药后可继续哺乳。

（3）其他不宜哺乳的情况：服用哺乳期禁忌药物，有孕期或产后有严重并发症，患有急性或严重感染性疾病、乳头疾病、红斑狼疮、精神疾病、恶性肿瘤、艾滋病。

### ▶ 五、关于新生儿哺乳的几个误区

（1）**每次给宝宝喂完奶后，为保持乳房的清洁，喜欢用香皂清洗乳房及周围的皮肤。** 哺乳期妈妈经常使用香皂擦洗乳房，不仅对乳房保健无益，反而会因乳房局部防御能力下降，乳头容易干裂而招致细菌感染。因此，要想充分保持哺乳期乳房的卫生，让宝宝有足够的母乳，最好还是用温开水清洗，尽量不用香皂，更不要用酒精之类的化学性刺激物。

（2）**宝宝是纯母乳喂养，一点都不能给宝宝喝水。** 虽然有观点认为4～6个月内的宝宝只需母乳，不必加喂水，但要视情况而定。北方的冬天天气干燥，如果室内温度过高，宝宝容易缺水。再者，天气太热或出现腹泻时宝宝体内也会缺水。缺水时宝宝的嘴唇看上去干燥起皮，情绪不安，爱哭闹。建议最好控制室内温度在20℃～25℃，北方冬天室内要使用加湿器，保持空气湿润。看到宝宝嘴唇干燥可以用小勺给宝宝喂几口白开水。

（3）**喂完奶马上把宝宝放在床上，抱着太累了。** 给宝宝喂完奶后不要马上放在床上，而要把宝宝竖直抱起让宝宝的头靠在妈妈肩上，也可以让宝宝坐在妈妈腿上，以一只手托住宝宝枕部和颈背部，另一只手弯曲，在宝宝

背部轻拍，使吞入胃里的空气吐出，防止溢奶。在哺喂母乳过后，爸爸也可以接过宝宝，为宝宝拍嗝。

（4）**一侧乳房吃完，宝宝就饱了，另一侧乳房的奶存着宝宝下次吃吧**。喂奶时应让宝宝吃尽一侧乳房再吃另一侧。若仅吃一侧的奶宝宝已经吃饱，就应该将另一侧的奶挤出，排空乳房。这样做的目的是预防胀奶。胀奶不仅使妈妈感到疼痛不适，还有可能导致乳腺炎，而且还会反射性地引起泌乳减少。

（5）**妈妈职业是模特，认为给宝宝喂奶后，乳房会下垂，因此决定不采用母乳喂养**。女性在孕期乳房仍继续发育，乳房胀大后如果护理不好是极易松弛的。因此妈妈应从孕期就开始注意乳房的护理，使用宽带乳罩支撑乳房，同时注意按摩或局部使用特殊油脂增加皮肤及皮下组织的弹性。这样就会减少发生乳房下垂的可能。哺乳后乳房是否下垂是与哺乳前乳房的情况有关。只要是产后加强乳房护理，母乳喂养是不会影响作模特的妈妈的职业生涯的。

（6）**奶没下来，还是让宝宝先吃奶粉吧**。婴儿出生半小时即可进行哺乳，每次可持续半小时，即使没有乳汁也应哺乳。产后宜母婴同室，多让宝宝吸吮乳头。这不仅可增进母婴感情，也会因宝宝的吸吮而促进乳汁分泌。乳汁的分泌受多种因素影响。多食用一些稀汁类，如鸡汤、鱼汤、排骨汤等，有一定增乳作用。同时，妈妈应保持良好的精神状态，有胜任哺乳婴儿的信心和热情，切忌忧思恼怒，因情绪不良可导致泌乳减少，甚至乳汁不下，带来更多的麻烦。

（7）**刚分泌的乳汁看上去好脏，还是挤出去吧**。初乳是产妇分娩后一周内分泌的乳汁，颜色淡黄、黏稠（其实不是脏），量很少，非常珍贵。初乳营养丰富，能增加宝宝的抗病能力，促进宝宝健康成长。初乳还能帮助宝宝排出体内的胎粪、清洁肠道。因此，初乳一定要喂给宝宝。

## ▶ 六、新生儿哺乳的注意事项

（1）不要用微波炉热奶。给宝宝热奶，最好是用热水浸泡或者使用专门的暖奶器，尽量不用微波炉加热。食道黏膜比皮肤更柔嫩，45℃左右就足以引起烫伤。食道烫伤后，疤痕收缩，使食道变狭窄，吞咽困难，宝宝就会拒绝喝奶。而且咽部是发音的部位，受到损伤还会影响到语言功能的获得。

（2）不要躺着喂奶。照顾宝宝是一件很累人的事情，加上新妈妈的体力还没有完全恢复，很容易疲劳。如果躺着喂奶，不小心睡着了，乳房有可能压迫宝宝的口鼻，引起窒息。

（3）喝完奶要拍嗝。宝宝喝完奶，先别忙着让他躺下。拍嗝能让他排出胃里的空气，以防溢奶。如果宝宝经常溢奶，要让他侧卧，以免吐出的奶堵住口鼻引起窒息，或经鼻腔进入呼吸道引起吸入性肺炎。

### ▶ 七、新生儿睡眠与哺乳的时间安排

从生理角度看，新生儿的胃每3小时左右会排空一次。

（1）从理论上讲，母乳喂养是按需哺乳，没有严格的时间限制。但是，如果宝宝睡觉超过3小时，应该唤醒宝宝，进行哺乳。唤醒宝宝可以采取以下方法：给婴儿换尿布，触摸新生儿的四肢、手心和脚心，轻揉其耳垂。如果上述方法无效，可采用另一种方法：妈妈用一只手托住宝宝的头和颈部，另一只手托住宝宝的腰部和臀部，将宝宝水平抱起，放在胸前，轻轻晃动数次，宝宝便会睁开双眼。宝宝清醒后，妈妈即可给宝宝哺乳。

（2）混合喂养或人工喂养的宝宝，也应每隔3～4小时喂奶一次。随着宝宝日龄的增长，每个宝宝有各自不同的性格特点，会逐渐形成自己的饮食规律，有些宝宝很自然地会延长夜间吃奶间隔。家长应认真观察宝宝。如果宝宝对刺激反应差，不哭不闹，精神萎靡，面色发暗或苍白，四肢发凉，呼吸急促或忽快忽慢不规律，这说明宝宝很可能患有某些疾病，应该及时去医院就诊。如果宝宝呼吸规律、平稳，精神好，面色红润，则妈妈可不必担心。这类宝宝属于安静型，其特点是睡眠多，不爱哭闹，对外界刺激的反应小，有时没有主动吃奶的要求，需每隔3～4小时唤醒。

值得注意的是，如果喂奶间隔时间太长，宝宝会发生血糖下降，营养不良，所以妈妈要了解婴儿到底需要吃多少奶，由妈妈自己掌握喂养的次数和量。

不过，在宝宝刚出生不久，妈妈们应注意以下问题：

（1）宝宝哭啼不一定是饥饿，还要看看是不是尿布湿了，是不是身体不舒服等。

（2）宝宝吃奶次数过多时应注意：是不是宝宝吸吮的姿势不对，吃不到足够的乳汁？是不是每次吃奶的时间过短，孩子没有吃饱？

（3）宝宝老是睡觉时要注意：宝宝是不是生病了？如果宝宝不睁眼仍可吸奶，就要坚持给宝宝喂奶。这种闭着眼睛仍吃奶的情况见于一些性格比较安静的宝宝，不是病状。

# 新生儿溢奶的应对

## ▶ 一、溢奶的原因

一般情况下，新生儿出现溢奶状况的主要原因是宝宝的胃比较浅，并且食道下1/3的环状括约肌尚未发育完全。在喂食后，因为胃部胀大产生压力，括约肌的收缩强度又不足以阻止胃部食物回流，所以新生儿往往会出现溢奶的现象。婴儿在3～4个月大之后，不仅可以很好地掌握吸吮技巧，而且贲门的收缩功能也已发育成熟，吐奶的次数也就会明显减少了。

## ▶ 二、防止新生儿溢奶的方法

（1）喂奶时要将宝宝抱起，不要在宝宝睡着的时候喂奶。

（2）喂奶过程中要有间断，拔出奶头，让宝宝喘口气，稍稍调整一下，然后继续喂。若是母乳喂养，在母乳多的情况下，稍压乳房，减缓乳汁流出速度，让宝宝能吸一口、咽一口。若是人工喂养，喂奶时一定要将乳汁充满奶头，一般要求奶瓶倾斜45°以上。千万不可将奶瓶平放，奶头中一半是奶，一半是空气。这样宝宝吃进很多空气。喂完后，宝宝在排气时，很容易将奶带出。

（3）吃完奶之后的"拍嗝"是很重要的，即用中空的手掌轻拍宝宝背部，排出宝宝胃里的空气。有的宝宝吃奶以后20分钟、半个小时还会溢奶，这类宝宝吃完奶以后要拍嗝1～3次。

### ▶ 三、溢奶的注意事项

（1）喂奶前先将尿布换掉，喂奶后不要再翻动宝宝的身体。

（2）宝宝躺下时头部应略微抬高，身体应保持右侧卧位，这样就使胃里的奶汁能顺势而下，通过幽门直达十二指肠。

（3）在宝宝的颈部围一条小毛巾，使呕吐物不会流到颈部刺激皮肤（呕吐物中往往含有胃酸和胃蛋白酶），引起颈部皮肤糜烂。

（4）每次喂奶以后，都要把宝宝竖起来轻轻拍背，等嗳气后才能躺下。

（5）如果回奶后，宝宝出现呛咳、面色发青，口唇发紫，应立即将他俯卧于膝盖上，头朝下，用力拍背。待宝宝面色恢复后，立即送往医院，给以进一步处理。

# 新生儿打嗝的应对

### ▶ 一、新生儿打嗝的原因

新生儿打嗝是很正常的。新生儿不停地打嗝是因为膈肌痉挛，横膈膜连续收缩所致。膈肌运动是受自主神经控制的，宝宝出生后一两个月，由于调节横膈膜的自主神经发育尚未完善，宝宝受到轻微刺激，都会引起打嗝。

### 1. 太紧张

试着回忆，最近是否有什么事吓到宝宝了，让他过度紧张。如果宝宝持续紧张，身体就需要更多的氧气，宝宝的小嘴便会不断吸取空气，不停打嗝。

### 2. 受凉

倘若没有其他疾病的干扰，而宝宝忽然不断地高声打嗝，此时需要格外留意，这多数是宝宝发出的受凉信号。

### 3. 喝奶过多或者奶水过凉

宝宝饮食不当也是诱因。给宝宝喝太多的奶或者宝宝喝奶太快，便会吸入大量空气，打嗝不断。此外给宝宝喝的奶太凉，继而干扰了脾胃功能的正常运转，胃气上逆，也会引发打嗝。

### 4. 哭泣后进食

宝宝忽然大哭或者被惊醒，哭闹起来，父母通常会用喂奶来应对，而宝宝在不断地哽噎与喝奶中周旋，自然就会打嗝了。但这种打嗝一般为自发的，并不会产生过多不适，稍等片刻就会恢复，无须太过紧张。

### ▶ 二、新生儿打嗝怎么办

刚出生的宝宝神经发育还不太完善，所以会经常打嗝。绝大多数不是病，无需过于担心，也无需治疗，通常过些时日就会自然好转，一般不会造成不良影响。

（1）当宝宝打嗝的时候，先将宝宝竖着抱起来，轻轻地拍宝宝后背，然后给宝宝喂点温开水。

（2）如果宝宝打嗝是因为对牛奶蛋白过敏，可依医师指导使用特殊配方奶粉。

（3）如果宝宝是因为着凉而打嗝，那家长先抱起宝宝，然后轻轻地拍拍他后背，再喂一点温开水。宝宝睡觉的时候给宝宝盖上保暖的衣被。

（4）在宝宝打嗝时可用玩具或轻柔的音乐，来转移宝宝的注意力，以减少打嗝的频率。

# 婴儿哭闹的原因

哭闹是婴儿的一种本能反应，是婴儿向身边的人表达自己的情绪与要求的方式，也是婴儿主要的活动。婴儿啼哭时，闭眼张嘴，双臂伸屈，两腿乱蹬，是一种良好的健身运动，不仅增强了神经和肌肉的功能，而且促进肺的扩张，加大了肺活量；同时，哭可以加速血液循环，增强新陈代谢。婴儿哭闹一般是由于饥饿、口渴、疾病、尿湿等原因造成。辨别婴儿哭闹的含义，对护理婴儿是非常重要的。妈妈应根据具体情况，查明原因，及时解决婴儿的需求。这对婴儿的发育成长是很有好处的。

## ▶ 一、婴儿哭闹的原因

### 1. 生理性婴儿哭闹

生理性婴儿哭闹的特点为哭声常常由轻逐渐转响，哭声洪亮，多数由生理性原因引起，去除这些引发因素后哭声停止。

（1）饥饿、口渴。由饥饿引起的哭闹以3个月以内的婴儿为多见，如母乳不足、奶粉冲得过稀或二次喂奶时间间隔太长。婴儿出汗多，若不及时补充水分可因口渴而哭闹。

（2）湿、痒、冷、热。尿布湿后没有及时更换是引起哭闹的常见原因。过冷、过热可使婴儿不适。皮肤患有湿疹，在热的环境中更容易发痒而引起哭闹。小虫叮咬后局部奇痒。

（3）衣着不当。新生儿包扎过紧或衣服大小限制活动或影响呼吸；内衣薄，外面穿着粗毛衣，可因毛线刺激皮肤而引起不适。

（4）大小便前。经过训练的婴儿，常常以哭泣来表示想要大便或小便。如有的婴儿于半夜因膀胱充盈，在熟睡中突然哭叫表示要解小便。

（5）周围无人。婴儿睡醒后发现周围无人而感到寂寞，以哭的方式吸引亲人与他相伴。

**2. 病理性婴儿哭闹**

病理性婴儿哭闹的特点为哭闹剧烈，时间长，哭声尖或特别低沉，常与某些症状或体征同时出现。引起婴儿哭闹比较常见的疾病如下：

（1）口腔溃疡。多数在喂奶或进食，尤其吃热的食物时出现哭闹，常伴流口涎。

（2）鼻塞。有鼻塞的婴儿因饥饿而哭，吃到奶后立即停止。然而鼻塞影响呼吸，婴儿不得不停止吸吮而用口呼吸，但又因吃不到奶而哭闹。这就形成哭哭吃吃，吃吃哭哭的局面。

（3）脑部疾病。新生儿颅内出血或患脑膜炎时出现一阵阵尖叫样啼哭声，音调高，哭声急而无回声。大一些的婴儿在此类情况下会因头痛而哭闹，同时会撞击头部或用手击打头部。

（4）中耳炎及外耳道疮肿：婴儿吃奶过程中当耳朵贴到妈妈身体时或者耳朵被牵拉时出现哭闹。

（5）皮肤褶溃烂。当摩擦腋下、颈部、腹股沟处皮肤时出现哭闹。

（6）蛲虫病。蛲虫于夜间爬出肛门口排卵，刺激肛门周围而引起奇痒，无法入睡。这种哭闹常常发生在半夜。

（7）泌尿道感染，如尿道口炎、膀胱炎。于排尿时因尿痛而哭。

（8）肛裂。排便时哭叫，往往大便坚硬、干燥，同时有鲜血滴出。

（9）腹痛。引起腹痛的原因比较多。肠套叠多见于婴儿，哭闹为阵发性，同时面色苍白、呕吐，排出的大便呈果酱样。患有急性阑尾炎时表现为持续性哭闹。嵌顿性腹股沟疝因疝嵌住剧痛而哭，同时用手抚摸嵌顿的部位。肠痉挛引起的腹痛哭声尖，时间可长可短，哭时两腿屈曲。

（10）咽后壁脓肿。哭声像小鸭子叫，常伴有颈部强直、怕冷、发热。咽喉部部分梗阻，婴儿不愿吸乳，言语发音不清。

遇到婴儿哭闹先从生理性原因方面考虑，必要时脱去衣服全身仔细检查一遍。如认为是由病理性原因引起的，应去医院进一步检查。

### ▶ 二、婴儿哭闹不止的检查原则

婴儿哭闹不止，家长需要学会检查和分析婴儿哭闹的原因。

（1）检查婴儿是否处于饥饿状态。婴儿饥饿时，哭声短而有力，比较有规律，渐渐急促。要注意每隔3～4个小时需要喂奶一次，间隔时间不能太久。如果婴儿经常性隔1～2小时就哭闹，有可能是一次性喂奶量不够。

（2）检查婴儿尿布是否湿了。① 如果纸尿裤太沉，婴儿不舒服就会哭闹。② 如果婴儿有红臀的现象，抹点护臀霜。③ 如果衣服湿了，一定要及时更换。

（3）检查婴儿身上是否有异样。① 检查婴儿是不是出疹子。② 检查婴儿打预防针的地方是不是有红肿现象。③ 检查婴儿有没有被蚊虫叮咬。

（4）仅仅是婴儿情绪宣泄的一种方式。这种情况下，婴儿哭闹由几声缓慢而拖长的哭声打头阵，声音较低，发自喉咙。经常陪婴儿玩耍，消除他的寂寞感，可以减少此类哭闹的发生。一般情况下，将婴儿抱起来哭闹就会停止。

（5）检查婴儿鼻子是否通畅。婴儿鼻子容易堵塞，需要经常清理。清理时可以借助小棉签、吸鼻器等小工具；但使用工具时一定不能太深入，以免弄伤婴儿。

（6）有可能是消化不良引起腹胀。腹胀时，婴儿哭声来得突然，第一声又长又响，之后屏息，接着大哭。这种情况下，抚摸婴儿肚子，会感觉硬梆梆的。婴儿腹胀，可以吃一些助消化的药物。

（7）婴儿是不是穿得太多或太少。要根据室内的温度及时给婴儿增减衣物，原则上婴儿穿衣多少和大人同步即可。

（8）婴儿可能是想睡觉。婴儿困倦时哭声不太大、有规律，比较缠绵，甚至有些不安。这种情况下可让婴儿做一些缓慢的或有节奏的运动或讲一些抚慰的话帮助婴儿放松或让他睡觉。

（9）周围环境安静与否以及温度是否合适。家中过于嘈杂，会让婴儿烦躁不安。婴儿睡觉的时候一定要尽量保持安静。室温最好控制在20℃～25℃。

# 婴儿湿疹

## ▶ 一、婴儿湿疹

婴儿湿疹是一种变态反应性皮肤病，即平常说的过敏性皮肤病，主要原因是对食入物、吸入物或接触物不耐受或过敏。患有湿疹的宝宝起初皮肤发红、出现皮疹，继之皮肤发糙、脱屑，抚摩宝宝的皮肤如同触摸在砂纸上一样。遇热、遇湿都可使湿疹表现显著。

婴儿湿疹起病大多在生后1～3月，6个月以后逐渐减轻，1～2岁以后大多数患儿逐渐自愈。一部分患儿延至幼儿期或儿童期。病情轻重不一。皮疹多见于头面部，如额部、双颊、头顶部，以后逐渐蔓延至颈、肩、背、臀、四肢，甚至可以扩展至全身。

初起时为散发或群集的小红丘疹或红斑，逐渐增多，并可见小水疱、黄白色鳞屑及痂皮，可伴有渗出、糜烂及继发感染。患儿烦躁不安，夜间哭闹，影响睡眠，常到处搔痒。由于湿疹的病变在表皮，愈后不留瘢痕。

## ▶ 二、婴儿湿疹的发生原因

婴儿湿疹发病与多种因素有关，有时难于明确。常见的4种原因如下：

（1）遗传因素。湿疹与遗传有很大的关系。如果父母双方中的一方曾患有过敏性疾病，或曾得过湿疹，那么宝宝得湿疹的可能性很大。

（2）食物因素，即对于牛奶或其他食物过敏。牛奶（包括牛奶配方奶）中含有大量异体蛋白，极易引起过敏，是让宝宝得上湿疹的罪魁祸首。妈妈食用鸡蛋、鱼、虾、蟹、巧克力、果糖等都可能引起宝宝过敏，根除宝宝湿疹的关键在于明确引起过敏的物质。

（3）环境因素。羊毛织品、人造纤维衣物、花粉、螨虫、汗液、尿液、空气干燥等都可能引发湿疹。

（4）精神因素。情感因素也会让宝宝受到影响而患湿疹，精神紧张会使湿疹加重。

## ▶ 三、婴儿湿疹的主要类型

（1）渗出型。渗出型的湿疹多发生于肥胖、有渗出性体质的婴儿。初起于两颊，发生红斑，红斑上密集针尖大丘疹、丘疱疹、水疱和渗出液。渗出液干燥则形成黄色的厚薄不一的痂皮，常因剧痒、搔抓、摩擦而致部分痂剥脱，显露有多量渗出液的鲜红色糜烂面。重者可累及整个面部及头皮。如有继发感染可见脓疱，并发局部淋巴结肿大，甚至发热等全身症状。少数患儿由于处理不当扩展至全身变为红皮病，并常伴有腹泻、营养不良、全身淋巴结肿大等。

（2）干燥型。干燥型的皮疹常见于瘦弱的婴儿，为淡红色或暗红色斑片、密集小丘疹；无水疱，皮肤干燥；无明显渗出，表面附有灰白色糠状鳞屑。常累及面部、躯干和四肢。慢性时亦可轻度浸润肥厚、皲裂、抓痕或结血痂。

除上述两种类型外，有人还分出脂溢型，其特点为皮损发生在头皮、耳后等皮脂腺发达区，可产生黄色厚痂，但其基本特点和渗出型相似。

## ▶ 四、婴儿湿疹的护理

（1）保持皮肤清洁干爽。给宝宝洗澡的时候，宜用温水和不含碱性的沐浴剂。患有间擦疹的宝宝，要特别注意清洗皮肤的皱褶间。洗澡时，沐浴剂必须冲净。洗完后，抹干宝宝身上的水分，再涂上非油性的润肤膏。宝宝的头发也要每天清洗。若宝宝已经患上脂溢性皮炎，仔细清洗头部便可除去疮痂。如果疮痂已变硬粘住头皮，则可先在患处涂上橄榄油，过一会儿再洗。

（2）避免受外界刺激。父母要经常留意宝宝周围环境的冷热温度及湿度的变化。患接触性皮炎的宝宝，尤其要避免皮肤暴露在冷风或强烈日晒下。夏天，宝宝流汗后，应仔细为他擦干汗水；天冷干燥时，应替宝宝搽上防过敏的非油性润肤霜。除了注意天气变化外，父母不要让宝宝穿易刺激皮肤的衣服，如羊毛、丝、尼龙等。

（3）修短指甲。若患上剧痒的异位性皮炎或接触性皮炎，父母要经常修短宝宝的指甲，减少抓伤的机会。

## ▶ 五、婴儿湿疹的预防

在婴儿湿疹明显时，应先治疗，皮疹消失后并不意味着万事大吉。更重要的任务是家庭护理，预防宝宝湿疹的反复。尽量寻找发病原因并去除，但往往有困难。

### 1. 喂养和饮食

（1）母乳喂养可以减轻湿疹的程度。蛋白类辅食，如鸡蛋、鱼、虾类，一般宝宝从4个月开始逐渐添加，而有湿疹的宝宝，建议晚1~2个月添加，且添加的速度要慢。宝宝的饮食尽可能是新鲜的，避免让宝宝吃含气、含色素、含防腐剂或稳定剂、含膨化剂等加工食品。

（2）对牛奶过敏的宝宝，可用豆浆、羊奶等代替牛奶喂养。

（3）对蛋白过敏的宝宝可单吃蛋黄。

（4）人工喂养的宝宝患湿疹，可以把牛奶煮沸几分钟以降低其致敏性。

（5）宝宝饮食以清淡为好，应该少些盐分，以免体内积液太多而易发湿疹。

### 2. 衣物方面

贴身的衣服应是棉质的，所有的衣服领子最好也是棉质的。衣服穿得要略偏凉，衣着应较宽松、轻软。床上被褥最好是棉质的，衣物、枕头、被褥等要经常更换，保持干爽。日常生活护理方面要避免过热和出汗，并让宝宝避免接触羽毛、兽毛、花粉、化纤等致敏物质。衣被不宜用丝、毛及化纤等制品。

### 3. 洗浴护肤方面

以温水洗浴最好，避免用去脂强的碱性洗浴用品，选择偏酸性的洗浴用品。护肤用品选择低敏或抗敏制剂护肤，并且最好进行皮肤敏感性测定，以了解皮肤对所用护肤用品的反应情况，及时预防过敏的发生。

### 4. 环境方面

室温不宜过高，否则会使湿疹痒感加重。环境中要最大限度地减少过敏原，以降低刺激引起的过敏反应。家里不养宠物，如鸟、猫、狗等。室内要通风，不要在室内吸烟，室内不要放地毯。打扫卫生最好是湿擦，避免扬尘，或用吸尘器处理家里灰尘多的地方，如窗帘、框架等物品上。

### 5. 保持宝宝大便通畅，睡眠充足

睡觉前为宝宝进行节奏性肢体运动20分钟左右，既可以增加机体抗敏能力，又有利于增强胃肠功能和提高宝宝睡眠质量。

**注意事项：**

（1）头皮和眉毛等部位结成的痂皮，可涂消过毒的食用油，第二天再轻轻擦洗。

（2）为避免抓破皮肤发生感染，可用软布松松地包裹双手，但要勤观察，防止线头缠绕手指。

（3）在湿疹发作时，不作预防接种，以免发生不良反应。

（4）母乳喂养小儿如患湿疹，乳母应暂停吃易引起过敏的食物。

（5）日常护理中，尽量不用碱性大的肥皂。除用适于婴儿的擦脸油外，不用其他任何护肤品和化妆品。

（6）不穿化纤、羊毛衣服，以柔软、浅色的棉布衣服为宜。衣服要宽松，不要穿、盖过多。

（7）如系某些食物过敏，开始可少量进食，再慢慢加量，使宝宝逐渐适应。吃鸡蛋时，试着单吃蛋黄，不吃蛋白，必要时可选用植物蛋白食物。

（8）如系牛奶过敏，可把牛奶多煮开几次，改变其成分结构，减少致敏因素，奶内少加糖，或试用其他代乳食品。

（9）食物中要有丰富的维生素、无机盐和水，糖和脂肪要适量，少吃盐，以免体内积液太多。

（10）室温不宜过高，否则会使湿疹痒感加重。

# 母乳偏少时新生儿的混合喂养

## ▶ 一、什么是混合喂养

混合喂养是在确定母乳不足或因其他原因不能完全母乳喂养的情况下，以其他乳类或代乳品来补充喂养婴儿。混合喂养虽然不如母乳喂养好，但在一定程度上能保证母亲的乳房按时受到宝宝吸吮的刺激，从而维持乳汁的正常分泌。宝宝每天能吃到2～3次母乳，对健康仍然有很多好处。混合喂养每次补充其他乳类的数量应根据母乳缺少的程度来定。混合喂养可在每次母乳喂养后补充母乳的不足部分，也可在一天中1次或数次完全用代乳品喂养。但应注意的是妈妈不要因母乳不足而放弃母乳喂养，至少坚持母乳喂养婴儿6个月后再完全使用代乳品、食品，如牛奶、奶粉。

## ▶ 二、混合喂养的原则及方法

混合喂养虽然比不上纯母乳喂养，但还是优于人工喂养。尤其是在产后的几天内，妈妈不能因母乳不足而放弃。

（1）混合喂养时，应每天按时进行母乳喂养，即先喂母乳，再喂其他乳品，这样可以保持母乳分泌。但其缺点是因母乳量少，宝宝吸吮时间长，易疲劳，可能没吃饱就睡着了，或者总是不停地哭闹。这样每次喂奶量就不易掌握。

（2）如母亲因工作等原因，白天不能按时哺乳，加之乳汁分泌亦不足，可在每日特定时间哺喂，一般不少于3次。其余的几次可给予其他乳品。这样可保证母乳充分分泌，满足婴儿每次的需要量，且每次喂奶量较易掌握。

（3）如混合喂养，应注意尽量不要使用橡皮奶头、奶瓶喂婴儿，应使用小匙、小杯或滴管喂，以免造成乳头错觉。

（4）混合喂养每次补充其他乳类的数量应根据母乳缺少的程度来定。喂养方法有补授法混合喂养和代授法混合喂养两种。

补授法混合喂养是每次喂奶时，先让宝宝吃母乳，等宝宝吸吮完两侧乳房后，再添加配方奶。如果下次母乳量够了，就不必添加了。补授法混合喂养的优点是保证了对乳房足够的刺激，这样实施的最终结果可能会回归到纯母乳喂养。建议4个月以下的宝宝采用补授法。

代授法混合喂养是一次喂母乳，一次喂牛奶或代乳品，轮换间隔喂食，适合于6个月以后的宝宝。这种喂法容易使母乳减少。逐渐地用牛奶、代乳品、稀饭、烂面条代授，可培养孩子的咀嚼习惯，为以后断奶做好准备。

混合喂养不论采取哪种方法，每天一定要让宝宝定时吸吮母乳，补授或代授的奶量及食物量要足，并且要注意卫生。

### ▶ 三、混合喂养该如何选择代乳品

#### 1. 配方奶

近年来，由于营养学和食品工艺学的迅猛发展，出现了以母乳为"金标准"，在营养成分上把牛奶尽量改变得和母乳相似的配方奶粉，也称为母乳化奶粉。吃这种奶粉的宝宝，生长发育速度明显优于选择鲜牛奶喂养的宝宝。但这种奶粉在免疫成分方面，如免疫球蛋白、乳铁蛋白、溶菌酶等，仍然无法和母乳相比。而且，一般认为这是适合6个月以内的宝宝食用的母乳替代品。

#### 2. 鲜牛奶

牛奶也是较合理和较普遍的代乳品。与母乳相比，牛奶所含蛋白质和矿物质都高出母乳2～3倍，因此纯牛奶不宜用于直接喂养4个月内的宝宝。纯牛奶需经稀释、加糖，煮沸消毒后再喂给小宝宝。喂牛奶的宝宝还应适当喂水。

选择鲜牛奶时还要注意以下问题：

（1）牛奶中的酪蛋白含量较高，进入宝宝胃后，在胃酸作用下产生的凝块较大，不容易消化，有时还会堵住胃的出口，造成溢乳。

（2）牛奶含糖量较低，在给宝宝喂食牛奶时应适量加糖。母乳是以乙型乳糖为主，能促进肠道中双歧杆菌、乳酸杆菌等的生长，抑制大肠杆菌，故母乳喂养的孩子腹泻比较少见。

（3）牛奶所含的矿物质是母乳的3倍半，会增加宝宝肾脏的负担。

### 3. 全脂奶粉

全脂奶粉便于保存，也较鲜牛奶易于消化。配制时，可按体积比1：4或重量比1：8的比例进行调制。经过这样的配制即可把全脂奶粉还原为纯牛奶，再按照纯牛奶的稀释方法喂给宝宝吃。但其营养不如牛奶丰富。

### 4. 豆浆

近几年有些新妈妈选择豆浆作为代乳品。虽然豆浆取材方便，营养也不错，但豆类蛋白质属于植物性蛋白质，其吸收利用率差，其中还含有对人体有害的皂角甙、植物红细胞凝聚素和 α－抗胰蛋白酶，不适合新生宝宝食用。

## ▶ 四、混合喂养过程中辅食的添加

### 1. 婴儿加喂辅食的时间

为了确保宝宝的健康成长，保证宝宝的营养，应适当增加一些辅助食品，以促进宝宝消化系统的不断完善。另外，宝宝在第一年身体长得最快，光靠吃奶达不到逐步增加营养的需要。待宝宝出牙时，为了锻炼宝宝的咀嚼能力，要逐步给宝宝吃菜末、肉末、米粥、饼干、馒头片等。这些食物中水分含得少，营养物质浓缩，能满足宝宝生长发育的需要。食物从液体逐渐过渡到半固体及固体，也为宝宝将来断奶打下了基础。

### 2. 婴儿主要辅食制作方法

（1）苹果泥：将苹果洗净后，切成两半，用小勺轻轻刮取果肉部分，即可得到苹果泥。

（2）香蕉泥：取熟透的香蕉去皮后放入碗中，用不锈钢小勺背用力挤压、搅烂即为香蕉泥。

（3）鱼泥：将鲜鱼去内脏洗净，放入锅内蒸熟或加水煮熟，去净骨刺，加入调味品，挤压成泥，可调入米糊（奶糕）中食用。

（4）豆腐：将煮熟的嫩豆腐稍加些盐搅碎，加入粥或蛋黄中喂食。

（5）蛋羹：将整蛋搅匀，加入半小杯温水、1茶匙酱油、少许盐，待锅内水开后再上锅蒸8～10分钟即成，应在正餐中喂，不要在两餐之间喂食。

（6）肝泥与肉末：将煮熟的瘦肉或肝在干净的刀背和砧板上剁成泥，加调料和水少许，蒸成肉饼或肝糕直接喂食或放在粥或烂面条里喂食。

（7）红枣小米粥或玉米面粥：将红枣洗净，煮烂去皮去核，压成枣泥，放在煮好的小米粥或玉米面粥中再煮沸即成。

（8）肉末菜粥：用料为瘦猪肉50克，青菜两小棵，植物油10克，酱油、精盐、葱姜末各少许。将猪肉洗净去筋、剁成细末，青菜洗净切碎。锅内加入植物油，油热后下入肉末不断煸炒，放入葱姜末，再加入少许酱油炒至全熟即成肉末。将炒好的肉末及碎菜加入熬好的米粥内煮沸。待温后即可喂食。

## ▶ 五、混合喂养对宝宝会有什么影响

混合喂养的宝宝吃完一顿配方奶后，要等稍长一段时间后，才会想吃下一顿。这是因为宝宝消化配方奶的速度没有消化母乳那么快，所以，可能更禁得住饿。

吃了配方奶粉的宝宝的大便会比只吃母乳时的要硬，稀稠度和花生酱差不多。大便呈褐色，味臭；而且大便次数很可能没有只吃母乳时那么频繁。

宝宝也许几天都不拉大便，这是因为配方奶中的蛋白质较多，延缓了宝宝的消化速度。如果宝宝添加配方奶后的呕吐物或大便中有血点，一定要带他去看医生，这是牛奶不耐受的一种表现。

### ▶ 六、混合喂养的好处和局限

混合喂养能够让宝宝在妈妈乳汁总量不足的情况下，吃到尽可能多的母乳，同时保证宝宝摄入足够的奶量，不影响宝宝的正常生长发育。如果宝宝每天能吃到数次母乳，对他的健康会有很多好处，如提升抵抗力、减少过敏现象、建立良好的亲子感情等。

同时，跟单纯的配方奶喂养相比，混合喂养可以保证妈妈的乳房能够按时接受宝宝的吸吮刺激，维持一定量的母乳分泌。有的妈妈甚至能够在混合喂养宝宝一段时间后，恢复纯母乳喂养。

当然，在一些情况下，混合喂养会因为过早地添加配方奶，最终导致母乳喂养失败。有些宝宝还会在混合喂养的某个阶段出现乳头错觉，并可能因此拒绝吮吸奶嘴或者拒绝吃母乳。

### ▶ 七、混合喂养常见的10大问题

#### 1. 如何判断母乳不足

一般情况下，当宝宝吸吮两侧乳房各5分钟时已吃到80%的奶量，10分钟左右可吸出近90%的奶量。吃饱后（5～10分钟后）宝宝还会轻松地吸吮一段时间以自我安慰。之后，宝宝将松开乳头，安静入睡或玩耍。这一过程一般共需要15～20分钟。有些吃奶速度比较慢的宝宝每次吃奶需要30分钟左右，这也属正常现象。另外，当宝宝已将一侧乳房吃空时或吞咽声消失后，应及时换另一侧。

很多新妈妈都对自己的母乳是否充足心存疑惑。其实，调查显示真正母乳不足的发生率为5%以下。乳汁不足，最客观的指标有两点：一是宝宝尿少且浓，每天少于6次；二是每个月的体重增长不良，6个月以内的宝宝每月增长不足500克。

妈妈可以基于以上两点进行判断。如果确实是母乳不足，则需要适当添

加配方奶粉作为补充。

**2. 怎么度过"暂时性哺乳期危机"**

所谓暂时性哺乳期危机，通常的表现是本来乳汁分泌充足的妈妈在产后2周、6周和3个月时自觉奶水突然减少，乳房无奶胀感，喂奶后半小时左右宝宝就哭着要吃，体重增加不明显。

引起这种现象的主要原因有宝宝体重增加迅速，母乳需要量增多、妈妈过于疲劳和紧张、每天喂奶次数较少、每次吸吮时间不够、母婴中有一方生病及妈妈月经恢复等。为了顺利度过这个时期，有以下几点建议供参考：

（1）妈妈要保证充足的睡眠，减少紧张和焦虑，保持放松和愉悦的心情。

（2）适当增加哺乳次数，吸吮次数越多，乳汁分泌量就越多。

（3）每次每侧乳房至少吸吮10分钟以上，两侧乳房均应吸吮并排空。这既利于泌乳，又可让宝宝吸到含较高脂肪的后奶。

（4）宝宝生病暂时不能吸吮时，应将奶挤出，用杯和汤匙喂宝宝。如果妈妈生病不能喂奶时，应按给宝宝哺乳的频率挤奶，保证病愈后继续哺乳。

（5）月经期只是一过性乳汁减少，经期中可每天多喂2次奶，经期过后乳汁量将恢复如前。

**3. "代授法"好还是"补授法"好**

如果母亲喂养方法正确但母乳确实很少，可适当补充一些配方奶。补充的方法有两种：

一种叫做"补授法"，也就是在喂完母乳后再补充其他乳品。其好处是可以避免宝宝在先吃了配方奶后，因为没有饥饿感、不愿意吸吮母乳而导致母乳分泌进一步减少，同时也有利于刺激母乳分泌，保证宝宝能得到一定的母乳。

另一种方法叫做"代授法"，也就是用配方奶或其他乳品替代1次或数次母乳喂养。一般，在妈妈没有上班之前，不提倡经常采用这种喂养方法，因为这样会减少母乳的分泌。

**4. 混合喂养时如何保持母乳分泌?**

推荐尽量采用"补授法",先喂母乳然后再补充其他乳品,特别是夜里更要坚持先喂母乳。保证让宝宝每天吸吮乳房8次以上,每次尽量吸空乳房。此外,母亲要尽可能多地与宝宝在一起,经常搂抱宝宝。当母亲乳汁分泌增加时,要及时减少配方奶的喂养量和次数。

上班的妈妈可以采用"代授法",但是在上班期间,最好坚持定时吸奶。

**5. 吃完母乳后,再添加多少配方奶比较合适?**

混合喂养添加配方奶的原则是先从少量开始,如一次30毫升,然后观察宝宝的反应。如果宝宝吃后不入睡或不到1小时就醒,张口找乳头甚至哭闹,说明他还没吃饱,可以再适当增加量,比如一次50~60毫升。以此类推,直到宝宝吃奶后能安静或持续睡眠1小时以上。

此外,如果6个月内宝宝月体重增长超过500克,说明喂养量已能满足其生长需要。由于每个宝宝的需要不尽相同,所以父母只有通过仔细观察和不断地尝试,才能了解自己宝宝真正的需要量。

**6. 可以把母乳吸出来后,和配方奶混在一起喂宝宝吗**

不建议采用这种方法。首先,宝宝的吸吮比人工挤奶更能促进妈妈乳汁的分泌;其次,如果冲调配方奶的水温较高,会破坏母乳中含有的免疫物质;再次,这样做不容易掌握需要补充的配方奶的量;最后,母乳喂养不仅是让宝宝得到其他乳类中没有的营养和免疫物质,而且通过母婴直接皮肤接触,使宝宝心理得到满足,更利于建立良好的亲子关系。

**7. 孩子不爱喝配方奶粉怎么办**

宝宝不接受配方奶可能有以下几种原因:妈妈的奶量可能足够,不需要添加配方奶;宝宝已经习惯了母乳,不适应奶粉的味道;宝宝不喜欢某种口味的奶粉;原来的奶嘴或奶瓶已不适合宝宝了;带养人或生活环境发生了变化;宝宝刚刚接种了三联疫苗等。此外,喂奶量过多,到3个月左右时宝宝也可能出现厌奶。

应对的方法有以下几种：

（1）可以给孩子换合适的奶嘴，或换另一种奶粉试试看。

（2）如为接种疫苗的反应或环境变化所致，一般3～5天后宝宝将逐渐适应。

（3）宝宝不想吃时不要强迫。开始宝宝可能会因拒绝配方奶而饿1～2顿，如果此时怕饿坏宝宝而妥协，将前功尽弃，只要坚持一下，宝宝将很快接受配方奶。

### 8. 宝宝不喜欢吸吮乳头了怎么办

这是宝宝喜欢"偷懒"所致，为此建议每次宝宝饥饿时先喂母乳，宝宝可能会"饥不择食"而吸吮；还可选择流量小、接近母亲乳头的人工奶头，使婴儿吸吮时的感觉更接近母乳喂养。

此外，宝宝不吃母乳可能另有原因，如生病（鹅口疮、口腔溃疡等）没胃口，新换了带养人、换了居住环境、母亲因来月经改变了身体气味等，使宝宝感到不适应。如果是疾病原因，首先要解除病症，如及时治疗；而对于环境的变化，不用担心，宝宝很快就会适应。

### 9. 白天喂母乳、晚上喂配方奶好吗

不建议采取这种喂养方式，因为这样做不利于妈妈乳汁的分泌。宝宝的频繁吸吮是促进乳汁分泌的最好办法，妈妈的乳汁会随着宝宝吸吮的频率和量进行调节。如果晚上没有宝宝吸吮的刺激，妈妈的乳房就会停止夜间泌乳。而对于6个月内的宝宝，特别是一两个月的宝宝来说，要尽可能用母乳喂养，使其得到宝贵的免疫物质并与妈妈的肌肤亲密接触，满足宝宝体格发育和心理发展的需要。

### 10. 混合喂养的宝宝如何补水

母乳中含有充足的水分，按说明书配置的配方奶中的水分也能满足宝宝的需要，所以一般情况下混合喂养的宝宝也不用再补水。如果在炎热季节

里，环境温度高，婴儿有口渴的表现，体温升高或皮肤出现汗疱时，可在两顿奶间喂一些水，每日2～3次即可。如果孩子拒绝，不要强迫他喝。非配方奶粉喂养的孩子在两顿奶间应适当加水，因为即使稀释后的动物奶中蛋白质和矿物质含量仍高于母乳，适当补水有助于肾脏排出体内废物，保持体内水的平衡。

# 如何正确照护新生儿

"新生儿期"主要是指胎儿从母亲子宫内娩出到外界生活的适应期。由于这段时期新生儿的身体系统各个脏器功能的发育尚未成熟，临床上一般将新生儿分为3类。

足月儿：胎龄满37周至不满42足周的新生儿。

早产儿：胎龄满28周至不满37足周的新生儿。

过期产儿：胎龄满42周以上的新生儿。

## ▶ 一、新生儿照护事项

新生儿免疫功能低下，体温调节功能较差，护理起来必须细心、科学、合理。

### 1. 居室环境

新生儿对外界温差的变化不大适应，适宜的室内温度应保持在20℃～25℃，盛夏要适当降温，而冬天则需要保暖，但均应注意通风时最好有取暖器在身旁。

室内的光线不能太暗或太亮。有些家长认为新生儿感光较弱，害怕刺激眼睛，常常喜欢挂上厚重的窗帘。其实这是不适宜的，应让宝宝在自然的室内光线里学会适应，但要避免阳光直射眼部。

### 2. 衣服和尿布

新生儿的内衣（包括尿布）应以柔软且易于吸水的棉织品为主，最好不要用化纤或印染织品。衣服的颜色宜浅淡，便于发现污物，并防止染料对新生儿皮肤的刺激。衣服尽量宽松，不妨碍肢体活动且易穿、易脱。由于新生儿头部散热较多，气候寒冷或室温较低时应该戴小帽子，帽子同样要柔软舒适。

尿布用柔软、吸水性好的棉织品，做到勤洗、勤换。通常白天要换4次以上，晚上应换2次以上。每次更换时均应清洗小屁股，并外涂适量护肤油剂。尿不湿则选择质量较好且透气性能好的，在家里时尽量用尿片，出门或睡觉时则用尿不湿。注意尿片或尿不湿包裹不宜太紧，以便四肢自由伸展。

### 3. 睡眠和睡姿

睡姿影响呼吸，且新生儿头颅比较软，良好的睡姿有利于头颅的发育。

最好的睡姿是仰卧或侧卧，以避免压迫胸肺部。建议在喂养后多采取侧睡，以免溢奶或呛咳造成窒息。在采取仰卧位时，应当经常变换体位；足月儿因活动力较强，出生头几天可以适当采取俯卧，以利呼吸道分泌物流出，防止呕吐物倒流入气管。但俯卧必须拿去枕头，头侧向一面，并有家长在一旁监护。

新生儿通常每天要睡18~20个小时，但未满月的宝宝不宜长时间睡眠，家长应该每隔3个小时弄醒一次，以方便喂养。

### 4. 喂养

新生儿喂养是门很大的学问。专家的观点是出生后母乳喂养越早越好，一般为出生后半小时左右。如果妈妈暂时没有分泌乳汁，也要尽量让新生儿吮吸乳头，以促进乳汁分泌，并增进母婴的感情。新生儿的吮吸也利于母体因分娩造成的产后伤口的愈合。

母乳喂养时应采取"竖抱位"即头部略抬起，这是最理想、最符合自然规律的喂奶方式。在这种姿势下新生儿和父母亲相对而视，可增加相互间的亲密感。妈妈喂奶前应先洗手并将乳头清洗干净。妈妈如有呼吸道疾病，喂养时应戴口罩。如乳房有皮肤破裂或炎症，应咨询医生后根据具体情况决定是否继续哺乳。

哺乳的时候如一侧乳房一次喂饱后仍有多余的乳汁，则最好将其挤掉，以促进乳房的正常泌乳并避免乳汁淤积或继发感染。

人工喂养新生儿时，尽量不要直接喂服新鲜奶，因为其中所含的蛋白质等营养成分不适合新生儿。混合喂养（母乳喂养和代乳品喂养相结合）时，应先以母乳喂养为主。

人工喂养时奶嘴洞大小应适中并注意奶瓶内奶的温度。喂奶时尽量不要让宝宝吸进空气，以免吐奶。喂完之后可轻拍宝宝背部，以免积气。此外要对奶瓶、奶嘴严格消毒。

喂养应按需喂哺，一般情况下3小时左右喂一次。每次以吃饱、吃好为原则：即宝宝吃奶后不哭不吵，体重正常增长。

### 5. 预防感染

护理新生儿时，要注意卫生。在每次护理前均应洗手，以防手上的细菌带到新生儿细嫩的皮肤上面发生感染，如护理人员患有传染性疾病则不能接触新生儿，以防传染新生儿。如新生儿发生传染病时，必须严格隔离治疗，接触者隔离观察。

### 6. 皮肤护理

新生儿在脐带未脱落前，尽量不用盆浴。家长可采用干洗法为新生儿擦身。脐带脱落后，新生儿可进行盆浴，浴后要用干软的毛巾将身上的水吸干。每次换尿布后一定要用温热毛巾将臀部擦干净，有时因尿液刺激，臀部皮肤发红，这时可涂少许护臀霜。寒冷季节臀红明显时，还可用电吹风在红臀局部吹烤，每日3～4次，每次5～10分钟（电吹风不可离皮肤太近，以防烫伤）。

### 7. 五官护理

应注意面部及外耳道口、鼻孔等处的清洁，但勿挖外耳道及鼻腔。由于口腔黏膜细嫩、血管丰富，极易擦伤而引起感染，故不可经常用劲擦洗口腔，更不可用针去挑牙龈上的小白点——上皮小珠（俗称"马牙"或"板牙"），以防细菌由此处进入体内而引起败血症。

## ▶ 二、新生儿护理要点

新生儿的护理需要特别细致周到，护理新生儿要注意以下要点：

（1）口腔护理。胎儿娩出时应迅速清除口咽部的黏液和羊水，以免误吸，引起吸入性肺炎。不要擦洗口腔，因新生儿口腔黏膜薄嫩，易受损伤。如果出现"鹅口疮"——口腔黏膜出现点片状的白膜，可轻轻涂擦制霉菌素药水。

（2）保温。新生儿出生后应立即将其全身轻轻擦干，用洁净温暖的棉毯包裹。室温不能低于20℃。新生儿体温应保持在36℃～37℃。生后第一天每2～6小时测一次体温。体温稳定在36.5℃左右时，可改为每6～12小时测一次。若体温低于36℃或高于38℃时，应查找原因，进行处理。

（3）体位。除妈妈抱起喂奶外，新生儿整日卧床休息。应保证有足够睡眠时间，每日睡眠18～20小时。最好采取侧卧位，尤其喂奶后应向右侧卧，平时采取左侧卧。经常变换体位，可防止睡偏头。仰卧不安全，此种体位，如漾奶时，可引起窒息。

（4）注意居住环境。居住环境要特别注意两个因素。第一是通风。新生儿的居住环境要求适当通风，同时要避免传统房屋坐南朝北格局的穿堂风。第二是控制噪音。高分贝、刺耳噪音要注意隔离，以免对宝宝的听觉器官造成伤害。

（5）注意冷热护理。新生儿体温调节机能差，因此冬天要保暖，夏天要防暑降温，平时要根据气温的变化及时增减衣服。

（6）注意皮肤护理。新生儿皮肤娇嫩，容易损伤，因而接触动作要轻柔，衣着要宽松，质地要柔软，不宜钉扣子或用别针。要用温水擦洗皮肤皱折处，每次大小便后清洗，并用毛巾擦干。

（7）注意脐带护理。在新脐带未脱落时，每天用75%酒精擦洗脐部一次，然后盖上消毒纱布。脐带脱落后，可以不用纱布，但必须保持脐部干燥清洁。发现脐部有红肿或有脓性分泌物，则应进行消炎处理。

（8）要保证充足的睡眠。经常变换新生儿的睡姿，以防头颅变形。

（9）处理特殊生理现象。所谓的新生儿"马牙"，女婴出生后数天内阴道有黏液或血性分泌物，红尿，乳房肿大，红斑，色素斑以及生理性黄疸（出生后2～3天出现）等，这些过几天后就会自然消失，不必特殊处理。如果症状持续时间较长或有其他不良反应，则应去医院检查。

## ▶ 三、新生儿护理的禁忌

### 1. 逗乐禁忌

（1）睡前不宜逗乐。新生儿神经系统尚未发育成熟，兴奋后往往不容易抑制，会不肯睡觉或上床后动个不停，影响睡眠质量。

（2）吃奶时不宜逗乐。新生儿吞咽和咀嚼功能还不完善，逗乐可能会引起呛奶，甚至发生吸入性肺炎。

（3）不要摇晃或抛起新生儿。新生儿的头颈发育不全，大力摇晃逗乐很容易伤到宝宝，甚至有生命危险。

### 2. 哄睡禁忌

当新生儿哭闹不睡时，父母会想出各种方法来哄睡。但有些不正确的方法会给新生儿的健康带来不利。

（1）摇睡。摇晃使新生儿的大脑在颅骨腔内震荡，造成脑组织表面小血管破裂，轻者发生癫痫、智力低下、肢体瘫痪，严重者可能会出现脑水肿、脑疝而危及生命。

（2）陪睡。妈妈熟睡后不注意就可能压住宝宝，造成孩子窒息。

## ▶ 四、新生儿护理技巧

### 1. 皮肤的护理

新生儿不需要使用肥皂。肥皂是一种脱脂剂，而新生儿的皮肤很娇嫩，需要保留所有的天然油脂，所以6个周前只能用水洗。6个周后，可以用妈妈选择的新生儿沐浴露。一定要用手指好好地擦洗所有的褶皱，然后再冲洗干净。

### 2. 眼睛的护理

给新生儿清洗眼部的时候，先把几个棉球在水里沾湿，再挤干水分，从内眼角向外眼角擦拭。擦每一只闭上的眼睛的时候都要换一个新的棉球。

### 3. 鼻子和耳朵的护理

鼻子和耳朵是具有自净功能的器官，所以不要试图往里面塞什么东西或者以任何方式干扰它们，要让里面的东西自然掉出来。

### 4. 脐部的护理

新生儿一出生脐带就会被夹住并立刻剪断，只留下根部。过段时间，脐带残端就会脱落。

医生或许会建议每天消毒，尽量多让这一部位通风，以利于脐部痊愈。如果脐部有发红、液体流出或者其他感染症状，请咨询医生。注意新生儿沐浴时不要碰湿脐部。有的新生儿患有脐疝，但一般一二年内就会痊愈。如果脐疝不断加重或者总不见痊愈，那么请看医生。

# 新生儿洗浴需要注意的问题

新生儿皮肤娇嫩，角质层薄，皮下毛细血管丰富，防御机能差，易受汗液、大小便、灰尘、奶汁的刺激而发生炎症等。另外，新生儿全身皮肤覆盖有一层胎脂，易分解为低级脂肪酸刺激皮肤而发生糜烂。一旦皮肤破损，细菌便乘虚而入，导致全身感染而危及生命。因此，清洁皮肤是新生儿护理不可忽视的一件事，而清洁皮肤的最好办法是洗澡。

经常洗澡不仅能保持新生儿的皮肤清洁，而且可促进身体血液循环，增进食欲，有益于睡眠，进而促进新生儿的生长发育。洗澡是除母乳喂养之外又一增强母婴感情的好机会。更重要的是，趁洗澡时，可以全面观察新生儿全身情况，有利于及早发现问题并进行处理。

### ▶ 一、新生儿洗澡前的准备

#### 1. 洗澡物品准备

新生儿洗澡前应将需用的物品备齐，如消毒脐带用物（新生儿脐带未掉落之前）、预换的婴儿包被、衣服、尿片。以及小毛巾、大浴巾、澡盆、冷水、热水、婴儿爽身粉等。同时检查一下自己的手指甲，以免擦伤宝宝，再洗净双手。

#### 2. 新生儿洗澡时间的选择

新生儿的洗澡时间应安排在喂奶前或喂奶后1小时进行，以免吐奶。每次洗澡不超过10分钟。

#### 3. 新生儿洗澡温度的选择

关闭门窗，调节室温在27℃左右；水温在冬季为38℃～39℃；夏季为37℃～38℃，可在盆内先倒入冷水，再加热水，使水温恰到好处。家长可以用手肘或者是腕部来试水温，还可以使用专业的温度计来测量水温。

### ▶ 二、新生儿洗澡步骤

洗的时候要从颈部开始，然后到手脚。给宝宝洗背的时候，用一只手支住身体的正面，将宝宝翻转过来，从后背洗到屁股。可选用适宜新生儿用的沐浴露，将沐浴露抹在洗澡用的毛巾上，再擦抹在宝宝身上。全身洗干净后，再用清水和纱布把泡沫洗掉。

大部分7天内的新生儿脐带还没有脱落，因此不能将全身浸泡在水中，而是应当将上下身分开来洗。

第一步是洗头和脸。成人坐在小椅子上，给新生儿脱去衣服，用大毛巾将新生儿的身体包裹好，让新生儿仰卧在成人的左侧大腿上，左手托住新生儿的头部和颈部，左手的拇指和中指从新生儿头的后面把耳廓像盖子似的按在外耳道口上，以防止洗澡水流入耳道内，再用右手为新生儿洗头。洗头用的洗发露最好是对眼睛无刺激性的，以免流入眼睛中引起疼痛，影响小儿以后惧怕洗头或洗澡。洗完后一定要用清水冲洗干净，并用毛巾轻轻擦干头发。

第二步是洗颈部和上半身。先用大毛巾将下半身包裹好，用浴盆中的水依次清洗颈部、腋下、前胸、后背、双臂和双手，洗净后擦干，然后用干净的大毛巾将新生儿的上半身包裹好。注意洗上半身时，不要使洗澡水流入脐部。

第三步是洗下半身。这时应当使新生儿卧在成人的左手臂上，头靠近成人的左胸前，用左手托住新生儿的大腿和腹部，从前面向后清洗会阴部，然后再清洗腹股沟处、臀部、双腿和双脚。注意清洗会阴部时应从前向后肛门方向清洗。洗男婴儿的外阴时，应将男婴的包皮轻轻上翻，用水洗去积垢，以防以后的包皮粘连。清洗女婴会阴时，应将大阴唇轻轻分开，用水冲洗其中的污垢，但不可用力擦洗。洗完后用毛巾擦干。

第四步是擦护肤油或粉。如在夏天，在洗完澡后可用棉花沾上少许爽身粉或成人用手涂上薄薄一层爽身粉，轻轻地涂在新生儿的皮肤上，决不可直接将爽身粉撒在新生儿的身上，以免新生儿将爽身粉吸入鼻孔中或爽身粉散落在眼睛中。皮肤的皱褶处最好不用爽身粉，可涂上少许经过消毒的婴儿润肤油，以防皮肤糜烂。新生儿的会阴部不可撒布爽身粉。冬季可使用婴儿润肤露滋润宝宝肌肤，减少表面摩擦。

最后给新生儿垫尿布、穿衣、用包被包裹起来，可喂一点奶，以起到保暖的作用，再放入小床中。不久新生儿就会安静入睡。

**特别注意：**

　　由于新生儿的脐带断端是一个创面，如护理不当，细菌有可能通过脐部进入体内引发败血症。所以脐部的护理主要是保持清洁干燥。新生儿脐带未脱落前，沐浴时不要碰湿脐部，然后用75%酒精棉棒消毒脐带根部和周围皮肤，再用消毒纱布覆盖（脐带干燥后无需盖纱布）。

　　若新生儿的脐带尚未脱落，应上、下身分开洗，以免弄湿脐带，引起炎症。先洗上身，取洗头时同样的姿势，依次洗新生儿的颈、腋、前胸、后背、双臂和手。然后洗下身，将新生儿的头部靠在左肘窝，左手握住新生儿的左大腿，依次洗新生儿的阴部、臀部、大腿、小腿和脚。

　　若宝宝的脐带已脱落，那么在洗净脸及头颈部之后，就可将宝宝颈部以下置入浴盆中，成仰卧的姿态。由上而下洗完后，将宝宝改为伏靠的俯卧姿势，以洗背部及臀部肛门处。最后，以双手为支托并抓稳宝宝肩部，抱离水中，置于大浴巾上，抹干全身。

　　整个过程中，身体的皱褶及弯曲部位，应特别注意洗净、擦干，且动作要轻柔，使宝宝有安全感。

### ▶ 三、新生儿洗澡后的护理

　　用浴巾裹住宝宝的全身时，可留出脐部，用酒精棉棒从中间向外清洗脐部，注意保持脐部的干燥和清洁。如果脐部发红、出脓液或有难闻的气味，就应该找医生处理。

　　在宝宝的臀部涂上护臀霜，防止尿液刺激皮肤产生尿布疹。

　　给宝宝围上尿片，穿上衣服。但宝宝不宜紧紧地裹在"蜡烛包"中，应放松他的手脚，让他自由地活动，这样有利于呼吸和血液循环。

如果宝宝脸部皮肤干燥，还可以在脸上涂少量的婴儿专用护肤品，使皮肤保持湿润、光滑。

若肌肤有疹块、红臀等情形时，应保持干燥，按医生嘱咐涂药。

### ▶ 四、新生儿洗澡注意事项

（1）给宝宝做清洗工作以前，妈妈首先要洗干净自己的双手。

（2）新生儿洗澡不必过勤。新生儿排泌的汗液有限，不必每天都洗澡。热天隔天洗一次、冷天隔两天洗一次即可。

（3）为新生儿洗澡时所用的毛巾要纯棉质且柔软，动作要轻柔、有章法，避免伤及新生儿的皮肤和肢体，小心不要让新生儿被水呛到。注意清洁皮肤的皱褶处。

（4）新生儿的皮肤不具抵抗细菌的能力。为了不增加新生儿皮肤的碱性，为早产儿及皮肤有破损的新生儿洗澡时，只用温度适宜的清水擦洗即可。

（5）洗澡过程中，应始终注意用手掌托住婴儿头部，防止发生颈椎意外。

（6）洗澡时间的长短：洗澡的时间不宜过长。洗澡最好在10分钟内完成，否则宝宝会因体力消耗而感到疲倦。防止水温降低过快，如果洗澡的时间较长，记得加温水保持水温，避免让宝宝受凉。

（7）时时注意宝宝：洗澡的过程中温柔地跟宝宝说说话，千万不要单独让宝宝一个人在浴室中，以免幼儿独自玩水而发生溺水、跌倒或是烫伤的意外。

# 新生儿抚触应注意的问题

### ▶ 一、新生儿抚触

新生儿抚触是时下流行的一种科学育婴新方法。它通过触摸新生儿，刺激宝宝感觉器官的发育，增进宝宝的生理成长和神经系统反应，增加宝宝对外在环境的认知。在抚触的过程中，还能加深亲子感情，促进宝宝心理健康地成长。

### ▶ 二、新生儿抚触的基本手法

采用先俯后仰的抚触顺序，即背部—前额—下颌—头部—胸部—腹部—上肢—下肢。

（1）背部。被抚触者左侧卧位，胸部垫小垫，抚触者右手扶持被抚触者，左手拇指、示指捏脊柱两侧，从臀部至颈部，按顺序由上而下捏12～15下。被抚触者右侧卧位，操作方法同左侧卧位。被抚触者俯卧位，头偏向一侧，双手平放于背部，抚触者从颈部向下按摩至臀部，再从臀部向上迂回运动，反复4～6次。

（2）头面部。先用两手拇指从前额中央向两侧推，再用两手拇指从前额中央向外上方滑动至耳垂，之后两手掌从前额发迹抚向枕后，两手中指分别停在耳后乳突部。

（3）胸部。两手分别从胸部的外上侧向对侧滑动至肩。

（4）腹部。抚触者两手依次从被抚触者的右下腹、上腹、左下腹沿顺时针方向画半圆，用右手在被抚触者左腹从上画L形，由左至右画一个倒的L形，示指、中指、无名指指腹从两臀的内侧向外侧做环形滑动。

（5）四肢。由抚触者用两只手抓住被抚触者一只胳膊，交替从上臂至手腕轻轻挤捏，然后从上至下搓滚，对侧和双下肢做法相同。

（6）手和足。抚触者用拇指指腹，从被抚触者掌面沿对角线方向推进，并捏拉指趾各关节。

## ▶ 三、注意要点

对于新生儿可以通过按摩达到肌肤的触摸效果。新生儿的身体非常柔软，在进行按摩前需要妥善地准备，才能够让宝宝感觉安全舒适。

（1）房间温度适宜，可放柔和的音乐作背景。

（2）一边按摩一边与宝宝说话，进行感情交流，不受外界打扰。

（3）手法从轻开始，慢慢增加力度，以宝宝舒服、配合为宜。

（4）按摩时间从5分钟开始，以后逐渐延长到15~20分钟，每天1~2次。

（5）选择适当的时间，避开宝宝感觉疲劳、饥渴或烦躁时；最好是在婴儿洗澡后或穿衣过程中进行。

（6）按摩前温暖双手，将婴儿润肤液倒在掌心，不要将乳液或油直接倒在宝宝身上。

（7）提前预备好毛巾，尿布以及替换衣服。

（8）如果操作过程中发现宝宝有不适现象，应该立即停止。

# 婴儿辅食添加

婴儿辅食添加时间表可以帮助妈妈们在不同时期给宝宝添加不同的食物来补充营养。婴儿添加辅食最佳时间最好不要早于4个月也不要晚于6个月，由于每个宝宝喂养方式不同（指奶粉、母乳或两者混合），婴儿添加辅食的时间也大可不必统一。宝宝的身体成长表现才是决定何时添加辅食的重要因素。婴儿辅食添加顺序应为谷物—蔬菜—水果—动物性食品，做到由少到多、由稀到稠、循序渐进。妈妈们在制作辅食时要特别注意卫生，因为0~1岁的宝宝消化系统发育还不完全，要尽量避免伤害到宝宝的肠胃。

### ▶ 一、婴儿添加辅食最佳时间

婴儿添加辅食的最佳时间最好不要早于4个月也不要晚于6个月。4个月的宝宝，淀粉酶等消化酶分泌较少且活性较低。每个宝宝喂养方式不同（指奶粉、母乳或两者混合），婴儿添加辅食的时间也大可不必统一。过早添加辅食宝宝会因消化功能尚欠成熟而出现呕吐和腹泻，消化功能发生紊乱；而过晚添加辅食会造成宝宝营养不良，甚至宝宝会因此拒吃非乳类的流质食品。至于具体何时给你的宝宝添加辅食，月龄只是给妈妈提供的参考，宝宝的身体成长表现才是决定何时添加辅食的重要因素。

### ▶ 二、婴儿添加辅食的原则

（1）从少量到多量。以添加鸡蛋黄为例，开始添加的时候应从1/5或1/4个蛋黄加起，历经1~2周可加至1个，以让孩子的胃肠道功能有个逐步适应的过程。

（2）由一种到多种。在1~2天之内给婴儿所加食物的种类不宜超过两种，使孩子对不同种类、不同味道的食物有一个循序渐进的接受过程。

（3）由稀到稠。以大米为例，应从米汤加起，按照米汤—米粉—烂米粥—米粥—软饭—成人吃的米饭的次序循序渐进。

（4）由细到粗。以蔬菜为例，应从添加菜汁开始，按照菜汁—菜泥—碎菜—短纤维的青菜—可供成人吃的青菜的次序循序渐进。

（5）少盐，不甜，忌油腻。有的家长常常会依自己的口味来喂养孩子，在给宝宝制作饮食的时候会按照自己的习惯加同样量的盐，这样做是不对的。另外，过多甜食的摄入会增加孩子胃肠道的饱胀感，降低食欲；并且摄入的过多的糖可变为脂肪被储存在体内，久而久之可导致孩子出现儿童期的肥胖症。

# 婴幼儿什么时候用水杯喝水最合适

### ▶ 一、什么时候开始用杯子？

宝宝长期频繁使用奶瓶可导致龋齿。在宝宝5个月时，爸妈就可以有意识地让宝宝熟悉训练性杯子，为用杯子喝水做准备。到了6个月时，可以试着让他用杯子喝水。刚开始可以让宝宝双手端着杯子，家长帮着往嘴里送。当宝宝拿杯子较稳时，家长可逐渐放手让他自己端着杯子往嘴里送。这期间注意杯子中的水量要由少到多。到8个月时，宝宝就能自己用杯子喝水了。

### ▶ 二、选择什么样的杯子？

#### 1. 6～12个月宝宝

带握手器的奶瓶杯。其实这只是变形的奶瓶，妈妈可以选择普通奶嘴也可选用"鸭扁嘴"奶嘴。这个阶段的宝宝已经具备了一定的抓握能力，却还停留在吮吸阶段，还不会"喝"。要让他们从吮吸转向喝，首先要训练他们将杯子递送到嘴边的准确度。

#### 2. 1～1.5岁宝宝

软嘴饮水杯。1岁后，宝宝可以尝试用杯子了。刚开始时宝宝可能把握不好递送的力度，并且还未必可以一下就掌握"喝"的能力。为防止宝宝柔软的嘴唇受到伤害，且不至于把杯里的水洒得到处都是，妈妈应该选择软嘴的饮水杯。一定要注意防漏哦，魔术杯或"不滴落"水杯就挺不错的。

### 3. 1.5～2岁宝宝

吸管杯。由于宝宝喜欢啃咬吸管，所以刚开始最好选用安全无毒、可高温消毒材质的软管杯子。

### 4. 2岁以后宝宝

任何可以消毒的杯子。一般2周岁以后的宝宝在掌握喝水的技能上已与成人无异了。原则上，任何一种可以清洗的杯子都适用于宝宝，但最好是有手柄、带刻度的杯子，既便于冲奶粉，也便于宝宝抓握。

# 婴幼儿睡眠

## ▶ 一、新生儿睡眠特点

美国和荷兰各有一位心理学家，通过仔细观察，研究了新生儿的行为表现，按照新生儿觉醒和睡眠的不同程度分为6种意识状态：2种睡眠状态——安静睡眠（深睡）和活动睡眠（浅睡）；3种觉醒状态——安静觉醒、活动觉醒和哭；另一种是介于睡眠和醒之间的过渡形式，即瞌睡状态。

（1）安静睡眠状态。宝宝的面部肌肉放松，眼闭合着，呼吸很均匀；全身除偶尔的惊跳和极轻微的嘴动外，没有其他的活动。宝宝处于完全休息状态。

（2）活动睡眠状态。宝宝眼通常是闭合的，仅偶然短暂地睁一下，眼睑有时颤动，经常可见到眼球在眼睑下快速运动。呼吸不规则，比安静睡眠时稍快。手臂、腿和整个身体偶尔有些活动。脸上常显出可笑的表情，如做怪相、微笑和皱眉。有时出现吸吮动作或咀嚼运动。在觉醒前，宝宝通常处于这种活动睡眠状态。以上两种睡眠时间各占约一半。

（3）瞌睡状态。通常发生于刚醒后或入睡前。宝宝眼半睁半闭，眼睑出现闪动，眼闭合前眼球可能向上滚动。目光变呆滞，反应迟钝。有时微笑、皱眉或噘起嘴唇。常伴有轻度惊跳。当宝宝处于这种睡眠状态时，千万不要因为他的一些小动作、小表情而误以为"宝宝醒了""需要喂奶了"而去打扰他。

### ▶ 二、新生儿睡眠时间

睡眠是每个人正常生活中不可缺少的一部分。良好的睡眠能调整体况，消除疲劳，有利于机体的新陈代谢。但是每一年龄阶段对睡眠的时间要求是不一样的。

新生儿每天的睡眠时间约为20个小时；2个月的婴儿每天约睡18个小时；4个月时每天约睡16个小时；9个月时约睡15个小时；1周岁左右，有13~14个小时的睡眠时间就可以了。

### ▶ 三、新生儿睡眠不好的表现

新生儿的睡眠时间是成人的2倍多，每天有18~20小时是在熟睡之中。但是并不是每个宝宝都能有一个好的睡眠。不少妈妈反映宝宝晚上睡觉会出现不踏实的现象，容易惊醒，爱哭闹，常发出各种哼哼的声音，宝宝气色也不是很好。一旦出现这种状况，妈妈们就要多加关注了，这就是睡觉不安稳的表现。

### ▶ 四、新生儿睡觉不好的原因

睡眠对于刚出生不久的宝宝而言是非常重要的，所以宝宝睡眠不踏实，妈妈会特别担心。那么导致宝宝睡眠不安稳的原因有哪些呢？

（1）有时宝宝吃得过饱，造成腹部不舒服；或吃得不够，感到饥饿，都会哭闹不睡。

（2）如果尿布尿湿了没有及时更换，或衣服过紧、被子太厚，使宝宝感到不舒服，他也会通过哭闹不睡表示"抗议"。

（3）检查一下宝宝身上是否被蚊虫叮咬或是否有湿疹，因为这会使他皮肤瘙痒难忍，尤其夜间安静时较为明显。宝宝不会表达，只能靠哭闹不睡来引起父母注意。

（4）给宝宝查一下微量元素，缺钙可能出现这样的症状。

（5）宝宝受到了惊吓也可能出现这种状况。

### ▶ 五、怎样让新生儿睡好觉

（1）吮吸。不论是乳房、瓶子、婴儿自己的手指还是奶嘴，吮吸总是能起到安抚作用。

（2）按摩。各种轻拍和按摩都能帮助使宝宝平静下来。但在4周大之前不要按摩他的肚子，避开脊骨和避免使用如杏仁油这类的坚果类油。

（3）音乐。有节奏的声音或音乐能帮助安抚宝宝，甚至洗衣机或吸尘器的嗡嗡声也能帮助宝宝平静一些。

（4）运动。在手臂或摇篮里摇动宝宝，或者把他放在婴儿车里推动。

（5）拍嗝。一些宝宝在暖气之后会感觉好点，所以尝试让宝宝垂直坐好靠在你肩膀上，然后轻拍他的背。

（6）洗澡。一个暖水澡能立即使一些宝宝平静，但是要意识到这可能会有反作用。

（7）带婴儿去更安静的房间，用温柔的搂抱和轻声的吟唱来安抚他。

### ▶ 六、如何让宝宝养成良好的睡眠习惯

（1）督促宝宝规律睡眠。大多数宝宝睡不好都是因为习惯不好，没有形成生物钟，导致他们的醒和睡是不分白天黑夜的。父母们应该在宝宝较小的时候，就训练宝宝形成生物钟，让晚上睡整觉成为一种习惯。如果宝宝早

晨过了平常醒来的时间还在睡，最好把他叫醒。宝宝需要养成有规律的作息习惯，并通过白天的小睡补充睡眠。

（2）养成良好的午睡习惯。宝宝的午睡与晚上的睡眠质量有很大关系。夜间睡眠影响着午睡；午睡时间过长或者睡得过晚也不利于晚上顺利入睡。所以，宝宝的午睡要定时定点，一般午睡时间在正午或下午的早些时候。比如，中午从一点开始睡半个小时到一个小时。当然，控制不是教条的，宝宝没按时睡觉，但偏差不大，也是可以的。养成良好的睡眠习惯，同时要观察宝宝的状态。宝宝按时睡眠，没有疲劳或过于兴奋，那么这种午睡习惯才是适合的。

（3）控制卧室的光与声。用光与声音来促进宝宝生物钟的形成，通过光亮、黑暗的对比让宝宝学会白天与黑夜，醒着与睡着的区别。

在早上宝宝该起床的时候，把宝宝放在光线较亮的地方，给宝宝一个拥抱。可以放音乐让他醒来。在晚上宝宝入睡前一两小时，就把室内的光线调暗。在宝宝该睡觉的时候，把他放在黑暗中。宝宝睡觉时把门关好，不要让门缝透光或传进嘈杂声。光线对宝宝的生物钟有一定的影响。夜间照料宝宝的时候，也要选择暗的夜光灯，最好是蓝色的，不是黄色，或者用手电筒，用完了要赶紧关上。窗帘要厚实，避免窗外透进灯光。

（4）每天遵循就寝程序。安排一个整体的就寝过程，对宝宝有规律的睡眠习惯的养成也很有帮助。

通过一个程式化的就寝方式让宝宝渐渐明白做完这一切就该睡觉了，这对于他来说是一个睡觉前的仪式。这个过程在宝宝睡前一小时就可以进行了，包括刷牙、洗脸、洗澡、抚触、穿睡衣等。在这一小时中，让宝宝结束过于兴奋的活动，别再见外人，保持室内安静、昏暗。给宝宝换洗完后，对着他轻轻读书、讲故事，也可让他听磁带，这不仅能促进睡眠，也对宝宝的智力发育有好处。睡前过程同时也是爸爸妈妈与宝宝之间爱的纽带。

（5）安全舒适的床上环境。宝宝夜醒多与夜间寒冷、孤独恐惧、缺乏安全感等有关。如何让宝宝夜间醒来有安全感，可以再自行睡去，不要家长起床安抚呢？

在宝宝的小床上营造一个安全舒适、像妈妈的温暖怀抱一样的环境是最佳的办法。在宝宝睡前，家长就做好以下准备，在身体两旁分别加上一个柔软的小靠枕或小毛毯，以便宝宝夜里惊醒四处踢蹬时能碰触到柔软的物体，误以为是妈妈的身体，这样他就会安然睡去。

注意，小靠枕等物品不要靠近宝宝的头面部，以防窒息。宝宝夜里有动静，妈妈不要急着去照料。有的宝宝其实并没有完全醒，这样反而会惊扰宝宝。

# 婴幼儿发烧的常见原因

## ▶ 一、发烧新定义

临床上所指的体温超过37.5℃就是"发烧"，这里的"体温"通常是指"口温"。可测量体温的地方很多，"发烧"时各处体温如下：口温37.5℃以上（含）；耳温37.5℃以上（含）；腋温37℃以上（含）；背温36.8℃以上（含）；肛温38℃以上（含）。

## ▶ 二、十大可能原因

发烧是身体有潜在感染或发炎而引起的一种临床症状。原因可轻可重，如果没有伴随其他症状，就可能只是体温控制中枢失去平衡。但重者也可能危及生命。尤其有发烧以外症状出现，就可能是疾病的前因，不可忽视。为了让妈妈们正确面对并处理宝宝发烧的问题，我们就新生儿科和一般儿科做门诊统计，列出了宝宝发烧最有可能的十大原因，并标示其危险性。

**1. 感冒**

感冒是宝宝最常见的疾病。细菌和病毒感染都有可能。

症状不一，发烧、食欲下降、肠胃不适、腹泻等问题都有。

医师会给予"症状治疗"药物，加上多休息与多喝水，通常3～5天就可以痊愈。

但若照顾不当，并发中耳炎、脑炎、脑膜炎等，就会有高烧39℃以上的危险。

危险指数：★★★★★（第5名）。

**2. 耳鼻喉发炎**

耳鼻喉的问题通常会有发炎现象，有红肿的产生。

症状多变，常见的有发烧、咳嗽、流鼻水、喉咙红肿（宝宝通常不愿意进食）等。

医师会给予"症状治疗"药物，加上多休息与多喝水，通常3～5天就可以痊愈。

该疾病容易并发中耳炎、耳突炎、肺炎等，也会有高烧39℃以上的危险。

危险指数：★★★（第7名）。

**3. 玫瑰疹**

因玫瑰疹病毒感染而得名。1岁前后的宝宝最容易患此病。

典型的症状是突发高烧（39℃以上），高烧持续3～4天，然后起红疹（此时烧会退去）。红疹通常会慢慢消失，不会留下任何疤痕，也没有其他并发症。家长不必担心。

危险指数：★★（第8名）。

**4. 打预防针**

因施打疫苗而有轻微发烧的宝宝很多，但较明显发烧症状通常出现在注射"白喉、百日咳、破伤风"疫苗后。

宝宝若有身体不适或感冒则不适合打疫苗。

注射疫苗导致的发烧发生在疫苗注射后72小时以内，超过72小时发生的发烧就不是注射疫苗而引起的了，家长要另做判断。

危险指数：★（第9名）。

### 5. 败血症

它是一种细菌侵染到血液而引发的疾病。

通常是近亲联姻、先天免疫不良或使用高剂量类固醇的结果。

有败血症的患者会有1/3的概率合并脑膜炎，所以危险性排第二。

危险指数：★★★★★★★（第2名）。

### 6. 尿道感染

1岁以下的宝宝易患此症。女宝宝尿道感染通常是大便、尿片污染所致；男宝宝尿道感染则是膀胱输尿管回流所致。

除了容易发烧至38.5℃以上外，外观不易察觉。

因属细菌感染，所以医生通常使用抗生素治疗，大约需要2周才可痊愈。

可能的并发症是肾功能受损和肾化脓。

危险指数：★★★（第6名）。

### 7. 脑炎、脑膜炎

6个月至3岁的宝宝易患该病。

最典型、最具威胁性的症状就是容易高烧39℃以上。而且，常伴随精神倦怠、眼神呆滞、食欲欠佳等症状，甚至有抽筋现象的出现。

尽快就医是唯一的方法，目前唯一的检查方法是抽脊髓。（由专业人士进行，是安全的医疗行为，家长不必担心。）

脑炎患者通常使用降脑压以及抗病毒的药物治疗。脑膜炎患者则需要使用抗生素来治疗。脑炎、脑膜炎需要2～3周才能痊愈。

因为会有侵害性的并发症，如听力、视力变差，智能不足，神经功能障碍（脑麻痹），甚至死亡，所以危险性排第一。

危险指数：★★★★★★★★★（第1名）。

8. 穿太多、发牙热、夏季热

这类原因所引起的发烧通常是短暂而无危险的，但也是许多家长容易疏忽的。

只要宝宝活动力和精神状况均佳，食欲也不错，宝宝身体有发热现象，可能只是穿得太多或室内温度太高了。只要改善现况，通常就不会再有过热的问题了。

危险指数：无（第10名）。

9. 肠胃炎合并脱水

分为细菌（沙门氏杆菌）感染和病毒（轮状病毒）感染两种。症状有呕吐、腹泻、尿少、食欲下降、精神不佳、发烧38.5℃以上（会合并脱水）。

此病一定要就医住院，需注射添加电解质的点滴，其排泄物也需要特别隔离。

状况轻微的3天可以痊愈，但通常需7～14天才好。

危险指数：★★★★★（第4名）。

10. 川崎症

1岁～1.5岁的宝宝是该病的高风险人群，而且患病原因目前仍不详。

症状颇多，如持续多日高烧39℃～40℃，眼红，口唇有草莓舌、唇裂，四肢肿，颈部淋巴肿，以及打卡介苗的部位红肿等。

一定要住院治疗，医师会先进行心脏超声波检查（检查冠状动脉有无扩大），然后给予免疫球蛋白的治疗，通常需要10～14天才有可能痊愈。

愈后，四肢和肛门口周围会有脱皮的现象产生。

危险指数：★★★★★★（第3名）。

注意事项：

　　每个宝宝都是独立个体。发烧的原因多种多样。宝宝发烧也有可能是其他原因造成的，所以就医是最稳妥的方法。

# 婴儿用品的选择

## ▶ 一、婴儿用品的选购要点

（1）应详细了解产品的原产地，了解制造公司或经销公司的资质。

（2）应详细查看产品的质检报告，有的产品还会有产品试用体验报告。

（3）三无婴儿用品不能选购，不能轻信商家广告，要掌握挑选产品的方法。

（4）选择婴儿用品，尽量选择售后服务好的厂家或代销商，可以网上了解用户对该品牌及产品的口碑。

（5）要防范假洋品牌、假洋货的欺骗性。纯外文包装的商品在中国是禁售的，不要购买。外国产品在中国销售必须获得中国质量权威部门颁发的证书号，不要买没有证书号的商品。批次产品的质检报告，企业自己也可以出具，可信度较低。鉴别是否假洋货，常用的方法是上国家权威网站（主要是质监部门、工商管理部门），查询制造商的资质。

（6）中国电器的产量占全球50%以上。国产电器质量多年来比较稳定。只要是国产名牌，基本可以放心使用。

## ▶ 二、婴儿用品的分类

**1. 食具类**

（1）奶瓶。奶瓶是喂养宝宝必备的一种用来装奶、水的器具，由瓶身、瓶盖、奶嘴组成。就瓶身的材质来分，有玻璃奶瓶和塑料奶瓶。其中塑料奶瓶的材质一般有聚酰胺（PC）、聚丙烯（PP）、共聚聚酯（Tritan）、聚醚砜（PES）、聚苯砜（PPSU）。其中PC材质会产生有毒物质，现在已禁用。

（2）碗。推荐买双层不锈钢碗。因为宝宝自己吃饭的时间一般会比较长，用这款碗可以保证吃到最后，碗里的饭菜还是温的，而且不锈钢的材料也不怕摔。

（3）勺子。喂养0～6个月的宝宝可使用硅胶头的勺子，避免偶尔碰触宝宝牙龈带来的伤害。等宝宝自己学习吃饭时，还是用不锈钢的好一些，因为宝宝用不锈钢的勺子容易舀饭。

**2. 启智类**

宝宝各类器官在不断发育和完善中。不同年龄段的宝宝有不同的特性。所以需要选用不同类型的玩具有针对性地刺激相应感官的发育。

**3. 服装类**

（1）服装。对材质、做工、都有相应的要求，以求能够保护宝宝娇嫩的皮肤。注意此类服装一定要属于A类，是0～1岁婴儿专用。国家对此类服装有严格规定。

（2）婴儿兜。其作用在于防止宝宝的口水湿了衣裳。建议使用纱布口罩材质的，因为纱布口罩的吸水性特强，而且十分柔软，价格又比一般的婴儿兜便宜，真的是经济实惠。

（3）被子。被子的准备要注意从薄到厚，依次为薄毛巾毯、厚毛巾毯、空调薄被、棉绒毯、秋被、羊绒被。按理每个季节适用的被子最好各备两套，避免夜间出现尿床情况而手忙脚乱。为了避免浪费，实际上多预备2条厚毛巾毯和薄毛巾毯就可以了。比如，秋被湿了，就可以用空调被加棉绒毯代替；空调被湿了，可以用2条厚毛巾毯代替等。宝宝盖被的层次要比大人多一点，这样不仅可以避免宝宝盖得过多，也可以有效应对宝宝踢被子的情况。

（4）尿不湿垫。用处不算太大。如果晚上睡觉给宝宝用纸尿裤，还是可以备一块，冬天的时候垫在床单下面有备无患。选购的时候注意选质地柔软、透气一点的。提醒各位妈妈一句，这类东西回家用温水洗洗就可以用了，千万别用热水烫。这种材料不能烫。

（5）睡袋。不建议使用睡袋。如果妈妈坚持要买，建议买那种像睡袍一样、带袖子的，宝宝的胳膊可以活动自如。

### 4. 家具类

（1）婴儿床。宝宝和大人睡在同一张大床上既不卫生也不安全。让宝宝从小独立睡觉，有益于宝宝的身心健康。

（2）手推车。户外活动时，让宝宝坐着，以减轻看护者、宝宝的疲劳。

（3）学行车。在宝宝未能独立行走时用，但应尽快停用，以免影响宝宝正常的走路姿势。

（4）童车。让宝宝自己踩在车的踏脚上，控制车子的行驶，促进宝宝身体的发育。这类车后轮两旁一般附有小轮，在宝宝熟练驾驶后，可以拆去。

（5）餐桌椅。餐桌椅可以培养宝宝良好的就餐习惯，而且餐桌椅的设计也很科学，基本上可以一桌多用。

### 5. 电子电器类

（1）暖奶器。暖奶器又称热奶器或温奶器，主要用来加热宝宝要喝的奶、水，使奶、水的温度符合宝宝饮用。

（2）调奶器。调奶器又称恒温调奶器，作用是把凉开水加热或保持至适合宝宝饮用的温度以用来冲奶粉。个别调奶器有烧水功能。

（3）数字体温计。与传统的水银玻璃体温计相比，数字体温计具有读数方便、测量时间短（约一分钟）的优点。

（4）数字式水温测温计。婴儿的皮肤很细嫩，洗澡水温在冬季宜为38℃～39℃，夏季为37℃～38℃。水温过高，宝宝会烫伤；水温过低，宝宝会着凉。很多家长用自己的手肘去感觉水温，这种测温方法不是很好。数字式水温测温计很好地解决了这个问题，不但可以测水温，也可以当作玩具，让宝宝在游戏中洗澡。

（5）恒温碗。恒温碗又称为保温碗，作用是恒定保持宝宝的食物的温度。恒温碗主要针对6个月到3岁的儿童。

（6）房温湿度计。婴幼儿体温调节中枢的功能发育不完善，尚不能随环境温度的变化而进行良好的自我调节，因此婴儿房的室温应控制在20℃～25℃较为适宜，湿度以50%～60%较为适宜。

（7）奶粉真空保鲜器。奶粉真空保鲜器又称奶粉保鲜器。奶粉罐开封后，飘浮在空气中、肉眼无法察觉的大量细菌和虫卵，会乘虚而入。每一次取奶粉，细菌数倍增加，长期影响宝宝健康。临床医学实验表明，真空状态里面，细菌无法存活。奶粉真空保鲜器保持奶粉始终在真空状态里面，长久保持奶粉的新鲜品质，营养不流失。

## ▶ 三、必备的婴儿用品

### 1. 哺乳用品

奶瓶（玻璃、塑料材料）；

奶嘴（配合发育，应首先使用S型或0～6个月适用）；

奶瓶保温桶/温奶器（保温4小时以上，适用外去时哺乳）；

奶粉盒（存储，外出携带方便）。

**2. 沐浴与清洁卫生用品**

护肤柔湿巾（擦拭婴儿臀部必备品）；

小毛巾（给宝宝擦拭）；

大浴巾（纯棉、吸水力强，沐浴时必用品）；

奶瓶、奶嘴清洁剂（纯天然，清洗奶瓶，奶嘴专用）；

奶瓶消毒锅/消毒钳；

奶瓶奶嘴专用刷；

水温计（清晰显示沐浴适宜水温度）；

婴儿浴盆、浴床或浴网；

香皂（配备一下，购买时一定要注重看是否适合婴儿娇嫩皮肤）；

婴儿护臀霜；

婴儿爽身粉、润肤乳液（必备品）；

婴儿浴巾、沐浴擦。

**3. 尿布**

纸尿裤（新生儿使用超薄型，每天用量6～8片）；

布尿裤（透气、舒适、防漏）；

纱布尿布（吸水、透气、易洗、易干，防止红臀）；

隔尿垫巾（使尿布清洗变得简单）；

防漏尿垫（防止尿液污染被褥）。

**4. 婴儿车椅**

手推车（了解车的特点后再选购）；

学步车（结构合理，安全，宝宝学步用）；

汽车座椅（宝宝乘坐汽车很安全）；

弹乐椅/摇椅（增加宝宝玩耍的乐趣）。

**5. 婴儿服装**

纱布内衣/包被（根据季节选择材料，便于更换尿布）；

外出服（穿脱方便）；

鞋子（外出学步时穿，宽松不夹脚，材质柔软）；

帽子（纯棉，外出防风御寒）；

手套、脚套（纯棉，防止宝宝抓伤自己）；

袜子（保暖，纯棉材质）；

肚围（纯棉，防止小肚子着凉受寒）；

纱布内衣、包被（必备品）；

围兜（主要用于喂食时防止弄脏衣服，纯棉，防水）。

### 6. 家具、寝具

婴儿床（木质或布包围栏）；

摇床（摇摆，舒适，抚慰婴儿）；

床套被套/棉毛毯（不易被蹬开的童被，根据季节选用材质）；

枕头、定型枕（以蚕沙、茶叶及柏叶为填充物，具有透气、明目，定型作用）；

床单/蚊帐（拆洗方便，防蚊虫）；

婴儿睡眠灯（可哄宝宝入睡，可监看婴儿是否安全等）；

婴儿床护栏（适用于没有围栏的小床，防止婴儿翻落）；

婴儿床（必备品）。

# 第五部分
## 月子中心服务

产前服务

月子护理

# 产前服务

### ▶ 一、免费提供孕期保健咨询

国内知名妇产科专家和母婴护理中心健康顾问免费为孕妈妈答疑解惑，提供孕期保健咨询，对孕妈妈进行心理调适，使孕妈妈轻松应对孕期不适。

### ▶ 二、免费参加著名专家讲座

母婴护理中心定期邀请著名专家举办各种有关于孕产妇、新生儿营养、膳食调理等方面的讲座，为孕妈妈、准爸爸提供一个与专家面对面互动交流的机会与平台，指导孕妈妈科学进行孕期保健、合理饮食，满足孕妈妈对健康知识的需要。

### ▶ 三、孕期体检

整个孕产期，孕妈妈需要经历十几次产检。在母婴护理中心，每一位待产的孕妈妈，从签约当日开始，即可享受专业、周到的陪诊服务。专属客服将会为孕妈妈精心安排并陪伴其完成产检，免去孕妈妈和家人的烦恼。

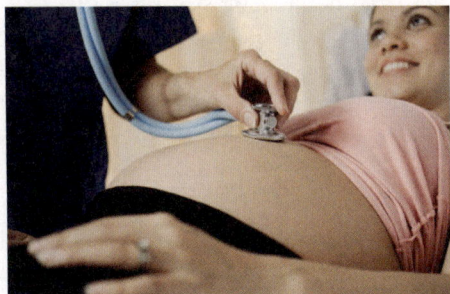

1. 孕早期产检

孕早期产检时间和项目见表5-1。

表5-1 孕早期产检

| 时间 | 产检项目 | 温馨提示 |
|---|---|---|
| 0~5周 | 确定妊娠 | 当女性发现每个月固定要来的月经一直迟迟没来，而且开始出现恶心、呕吐、胃口不佳等情形时，就要怀疑自己是否怀孕了。建议不妨先去药店购买市售的早早孕试纸自行测试一下，或直接去妇产科，请专业医师检查 |
| 5~6周 | B超 | 通过超声波检查，大致能看到胚囊在子宫内的位置。胚胎数目 |
| 6~8周 | 听胎心 | 做超声波检查时，若能看到胎儿心跳，即代表胎儿目前处于正常状态。此外，在超声波的扫描下，还可以看到供给胎儿12周前营养所需的卵黄囊 |
| 9~11周 | 绒毛膜采样 | 孕妈妈若家族本身有遗传性疾病，可在孕期9~11周做"绒毛膜采样"。由于此项检查常会造成孕妇流产及胎儿受伤，因此，目前做这方面检查的人不多 |
| 12周 | 量体重和血压；听胎心；验尿；抽血NT，即颈后透明带扫描，评估胎儿是否患有唐氏综合征 | 每位孕妈妈在孕期第12周时，都会正式开始进行第1次产检。由于此时胚胎已经进入相对稳定的阶段，一般医院会给妈妈们办理"孕妇健康手册" |

一般来说，孕妈妈在怀孕28周前需要每月做1次产前检查，28~36周每2周做1次产前检查，36周后每周做1次产前检查，但不同地区和医院的规定可能会有一些差别。整个孕期，孕妈妈可能需要进行10~15次产前检查。

2. 孕中期产检

孕中期产检时间和项目见表5-2。

表5-2  孕中期产检

| 时间 | 产检项目 | 温馨提示 |
|------|---------|---------|
| 16周 | 唐氏筛查；羊水穿刺 | 从第二次产检开始，孕妈妈每次必须做基本的例行检查，包括称体重、量血压、问诊及听宝宝的胎心音等。孕妈妈在16周以上（但以16～18周最佳），可抽血做唐氏症筛检，并看第一次产检的抽血报告 |
| 20周 | 详细B超检查；胎动检查 | 第三次产检，孕妈妈在孕期20周做超声波检查，主要是看胎儿外观发育是否正常。医师会仔细量胎儿的头围、腹围、看大腿骨长度及检视脊柱是否有先天性异常 |
| 24周 | 妊娠糖尿病筛检 | 第四次产检，大部分妊娠糖尿病的筛检，是在孕期第24周做。抽取孕妈妈的血液样本，做耐糖试验。孕妈妈不需要禁食 |
| 28周 | 乙型肝炎抗原病毒血清试验 | 第五次产检，如果孕妈妈的乙型肝炎两项检验皆呈阳性反应，一定要让小儿科医师知道，才能在孕妈妈生下胎儿24小时内，为新生儿注射疫苗，以免新生儿遭受感染 |

产前检查之前需要做哪些准备？

在每次产前检查之前，孕妈妈可以把关心的问题记在本子上，以便产检时能够有准备地向医生提出来。例如，在孕妈妈喝任何药草茶、服用孕期补充剂或非处方药之前，可以在产前检查的时候带去，请医生看看是否可以在孕期服用。

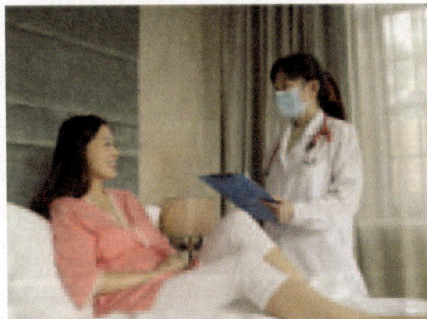

3. 孕晚期产检

从36周开始，孕妈妈愈来愈

接近生产日期，每周产检查1次（表5-3）。

表5-3　孕晚期产检

| 时间 | 产检注意事项 | 温馨提示 |
|---|---|---|
| 29～32周 | 水肿检查；预防早产 | 第六次产检，在孕期28周以后，医师要陆续为孕妈妈检查是否有水肿现象。另外，孕妈妈在37周前，要特别预防早产的发生。如果阵痛超过30分钟，又合并有阴道出血或出水现象时，一定要立即送医院检查 |
| 33～35周 | B超评估胎儿体重 | 第七次产检，到了孕期34周时，建议孕妈妈做一次详细的B超，以评估胎儿当时的体重及发育状况（例如，罹患子痫前症的胎儿，看起来都会较为娇小），并预估胎儿至足月生产时的重量 |
| 36周 | 胎心监护 | 怀孕36周之后，最好每周做一次胎心监护 |
| 37周 | 注意胎动 | 由于胎动愈来愈频繁，孕妈妈宜随时注意胎儿及自身的情况，以免胎儿提前出生 |
| 38～42周 | 胎位固定 入盆 准备生产 考虑催生 | 第十次产检，从38周开始，胎位开始固定，胎头已经下来，并卡在骨盆腔内。此时孕妈妈应有随时准备生产的心理。有的孕妈妈到了42周以后，仍没有生产迹象，就应考虑让医师使用催产素 |

为了避免临产时慌乱，母婴护理中心从孕妈妈怀孕7个月时开始就会准备待产包，让孕妈妈安心投入待产过程，不必在临产的时候因为准备入院用品而手忙脚乱。不过，待产包里面需要装些什么？什么物品是必备的？需要准备的物品都需要准备多少才合适？下面就一起来看看吧（图5-1～图5-8）。

快来看看
里面有什么.

待产包

产前
之待产包
咋准备

所需
证件

身份证（夫妻双方）

户口本（夫妻双方）
P.O.本

准生证

住院或手术费用
$

医疗保险或生育保险卡
医疗保险卡
生育保险卡

孕妇保健手册
产妇手册

图5-1　待产包准备（1）

贵重物品

手机

数码相机

DV机

录音笔

配套充电器

TIPS：
也要准备笔记本、笔
（记录宫缩等）

新妈妈用品

洗漱用品

香皂

包括牙膏+牙刷+漱口杯

镜子+梳子

润肤霜

毛巾×4

水盆×4

洗脸、清洁乳房
擦身、洗脚

图5-2 待产包准备（2）

# 卫生用品

用于乳房护理，避免
乳头皲裂和乳汁渗出
而滋生细菌。

孕产妇湿巾

恶露≈经期血

产妇专用的卫生巾

# 衣裤鞋袜

棉内裤3~4条或一次性
内裤若干；产后恶露多
需要随时更换。

棉内裤

3~5套，棉质，舒适

前开襟睡衣

一次性、舒适
柔软、防滑

棉袜+拖鞋

图5-3 待产包准备（3）

哺乳专用

3~4个，
提前买好大型号的。

哺乳胸罩

1个，为开奶准备。

吸奶器

垫子，有厚的
薄薄

防溢乳垫

食物

生产时增加体力。

巧克力

生产后补血之用。

红糖

红糖

图5-4 待产包准备（4）

新妈妈用品

## 餐具

饭盒+筷子

便于躺卧时喝水喝汤。

勺子+喝水杯

吸管

新妈妈用品

## 产后衣物

束腹内裤

束腹带

出院穿着的衣服：1套
春夏时节还要多备
防滑鞋、雨具

衣服

雨具

防滑鞋

图5-5 待产包准备（5）

新妈妈用品

## 其他用品

产后塑身需用。

骨盆矫正带

垫在床上就不用勤换床单啦了。

产妇护理垫+隔尿垫

随时热吃的哦。

电饭煲

避免当风。

产妇帽

既可量体温，也可以量宝宝洗澡水温度。

水温计

宝宝用品

## 喂养用品

奶瓶+奶嘴+奶瓶刷

小袋装，以备不时之需。

配方奶粉

产后尽量让宝宝多吸母乳。

图5-6 待产包准备（6）

# 宝宝用品

## 洗浴用品

洗发沐浴+洗衣液+专用浴盆

让宝宝躺水中而不至于被呛到。

PH要温和。

洗澡带

# 宝宝用品

## 服装

婴童连体衣：2-4件

婴儿连纸巾

和尚领带肚衣：2-4件

和尚领带肚衣

婴儿帽：1顶，防风

婴儿帽

出院要穿的衣物和包被毛巾被：各2件

包被+毛巾被

婴儿脚套：3-6对
防抓手套：2对

婴儿脚套+防抓手套

图5-7 待产包准备（7）

219

图5-8 待产包准备（8）

　　以下待产包清单（表5-4）中，标有"★"的表示为"必备"用品，其余用品可视个人需求准备。

表5-4 待产包清单

| 类别 | 用品 | 数量 | 说明 |
|---|---|---|---|
| 妈妈用品 | 开襟外衣 | 2套★ | 天气热时出汗多，要准备棉质、轻薄透气的睡衣；较凉时要准备保暖、开襟外套，方便穿着哺乳，避免着凉 |
| | 内裤 | 3~4条★ | 产后恶露多，需要随时更换，保持清洁卫生。不一定要买新的，但最好多带几条 |
| | 产妇护理垫 | 10片★ | 可用来隔恶露，保持床单干净 |
| | 束腹带 | 1条 | 束腹带分顺产专用和剖腹产专用两种，使用时间也有点不同。如果担心买到不合适的，可由医院提供，但是比较贵 |

| 类别 | 用品 | 数量 | 说明 |
|------|------|------|------|
| 妈妈用品 | 拖鞋 | 1~2双★ | 选择鞋底柔软、防滑的拖鞋；有亲人陪床的话，最好准备双人份 |
| | 哺乳胸罩 | 3~4件★ | 可以选择前开式或吊带开口式的，方便给宝宝喂奶，准备够住院时替换即可 |
| | 产妇专用的卫生巾 | 25片★ | 产后私处易受细菌感染，一定要保持干爽清洁；选用安全正规的产妇卫生巾，提前到正规商场去购买 |
| | 骨盆矫正带 | 1条★ | 骨盆矫正带与一般束缚带不同，它使用的位置较低，作用是适度对骨盆施加向内的压力，促进它尽快恢复 |
| | 洗漱用品 | 1套★ | 牙刷、梳子、小镜子、脸盆、香皂、洗衣粉若干。毛巾要准备4块，分别用于擦洗身体不同部位 |
| | 餐具 | 1套 | 饭盒、筷子、杯子、勺子，还有带弯头的吸管。产后不能起身时，可用吸管喝水、喝汤，很方便 |
| | 妈妈食品 | 若干 | 可提前准备好红糖、巧克力等食品。巧克力可用于生产时增强体力，红糖用于产后补血 |
| | 出院衣服 | 1套 | 出院的时候可不是大肚子啦，所以应该准备一套适合出院当天穿的服装 |
| 宝宝用品 | 新生儿衣服 | 3套★ | 小哈衣2~4件，根据季节来选择衣服厚度；一般不用频繁更换，够住院时替换即可 |
| | 纸尿裤 | 30片★ | 新生宝宝一天大概用8~10片NB码纸尿裤。先准备3天的量，如果纸尿裤好用的话，再继续买 |
| | 奶瓶刷 | 1个 | 要彻底清洁奶瓶，不能随便冲洗。可以选择海绵刷头的奶瓶刷，加上奶瓶清洁剂进行涮洗 |

〔续表〕

| 类别 | 用品 | 数量 | 说明 |
|------|------|------|------|
| 宝宝用品 | 包被 | 2条★ | 用于保暖；即使是夏天，宝宝睡觉也要遮盖小肚子，避免受凉导致肠道不适 |
| | 玻璃奶瓶 | 2个 | 应准备两种不同容量的宽口径玻璃奶瓶；无论是母乳喂养还是奶粉喂养都会用得上 |
| | 配方奶粉 | 1罐 | 虽然新生宝宝最好是喂母乳，考虑到有些妈妈开奶困难或奶水不足，最好也先准备一罐小袋装配方奶粉，以备不时之需 |
| 其他用品 | 入院证件 | 1套★ | 双方身份证、产检病历、准生证、医保卡、生育保险凭证 |
| | 手机和充电器 | 1台★ | 有情况可以随时和家人联系，另外也需要看时间来记录阵痛、宫缩时间 |
| | 纸笔 | 1套★ | 可以随时记录阵痛时间及宝宝出生时间、每次大小便时间等，以便于更加科学合理地护理宝宝 |
| | 银行卡和现金 | 足量★ | 两者都需要准备，一定要带好现金，买点小东西的时候也方便。事先向医院了解清楚支付方式 |
| | 相机或摄像机 | 1台 | 用于记录宝宝出生及成长的每一个重要过程，这样珍贵的时刻不能错过 |
| | 电饭煲 | 1个 | 虽然医院都提供微波炉，但有个小电饭煲，可以随时做些稀饭或加热汤水，消毒奶瓶和餐具也很方便 |

待产包需要准备些什么，没有具体的硬性规定，也没有详细的标准，但不可否认，准备得越充分合理，妈妈和宝宝都会越舒适方便。母婴护理中心根据孕妈妈自己的需求按照不同季节准备好待产包。

春季待产包准备需注意的细节：

（1）春季气候转暖、潮湿，衣服不容易干，建议孕妈妈多买几套睡衣以备不时之需。另外，春季多雨，在出院时记得准备雨具，有备无患。

（2）春季的天气变化最为反复无常，使人出现种种不适症状，妈妈在生完宝宝之后要防止病毒感染以及皮肤过敏等，在春季待产包中要多放些针对春季多发病类的药物，如感冒药等。而湿疹则最容易找上免疫力不强的新生儿。妈妈可以为宝宝准备好婴儿专用的润肤霜和小棉签。

夏季待产包准备需注意的细节：

（1）夏季炎热，妈妈坐月子不能吹风，要多准备一些擦汗用的毛巾和换洗的衣物，注意身体的清洁和卫生。

（2）夏季，宝宝特别容易出汗，要注意保持宝宝肌肤清洁，因此选择温和的婴儿洗发沐浴露必不可少。夏季宝宝衣物更换频繁，宝宝洗衣液也尽可能多准备一些。

（3）夏季，妈妈的胃口也会变差。但为了给宝宝充足的母乳，妈妈一定要注重营养的摄入。待产包里还可以准备一些开胃的小零食。一些肠道疾病类的常备药还是要带上的。

秋季待产包准备需注意的细节：

（1）秋季易起风，宝宝易受风寒。秋季待产包应该放一些保暖之类的衣物，秋冬款婴儿连体衣、包被必不可少。

（2）妈妈出院时要注意防寒保暖，最好准备帽子、围巾，防止受风。

（3）秋季天气开始干燥，宝宝娇嫩的皮肤需要滋润，因此要准备带滋润功效的婴儿润肤霜。

冬季待产包准备需注意的细节：

（1）冬季风大、寒冷。妈妈应准备加厚的月子帽、睡衣、棉拖鞋、厚袜子等。

给宝宝准备的衣物中，除了加厚的婴儿肚围、连体衣、外套和包被外，脚套和手套都要记得准备哦。家中甚至需要添置暖风机，以免宝宝洗澡时着凉。

（2）冬天天气干燥，宝宝娇嫩的皮肤更加需要滋润。你需要准备滋润的婴儿面霜。

### ▶ 四、陪产

陪产是通过至亲的陪伴让产妇减少心理压力和身体痛楚，从而达到利于生产的目的。目前部分医院已开始推出陪产服务。不过陪产有利有弊，实际生活中也有一些准爸爸是不宜陪产的。准爸爸们进产房前还是需要做好充分的准备，了解清楚陪产时自己该做什么。

**1. 什么是陪产？**

顾名思义，陪产就是指陪着产妇完成整个分娩过程，包括待产。分娩过程在没有经历过的人看来也许比较短暂，但对产妇来说却是漫长而痛苦的，有至亲的人陪伴左右多少能获得一些安全感。陪产通常指准爸爸进产房陪产。

**2. 准爸爸陪产的利与弊**

（1）准爸爸陪产有如下益处：

1）丈夫的陪伴有助于产妇顺利分娩。

首先，爱人相伴左右是对产妇心理的极大鼓舞。自然分娩就如同在鬼门关前走了一遭，再坚强的女性多少都会感到恐惧和不安，而丈夫的守候对痛苦异常的她们来说会是一枚效用极大的定心丸。

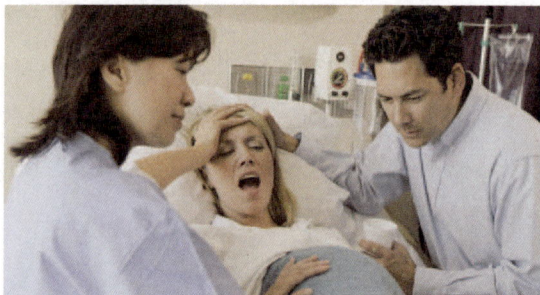

其次，好的心理状态能缓解生产时的不良情绪，整个产程会顺利许多。

虽然正常情况下，产妇完成整个分娩过程的时间大概在10～12小时，但是不良的情绪可能严重阻碍产程的推进。比如，心理上的畏惧会加重宫缩的疼痛感、过度的紧张可能延长产程的时间。准爸爸的陪伴可以不同程度地缓解产妇的不良情绪，让分娩的过程进行得更顺畅些。

最后，准爸爸在产房里可以做一些琐碎的事情。在产妇感到阵痛难耐时，准爸爸可以帮她按摩一下腰部和背部。产妇口渴时可及时地递上一杯水或者用沾水的棉签润湿嘴唇。阵痛的间隙准爸爸也可以在一旁和产妇聊聊天，提醒她分娩时的注意事项。

2）准爸爸的陪伴可以增进夫妻的感情。虽然宝宝从孕育到出生的整个过程是由妻子来完成的，但是作为男人和即将做爸爸的人，绝不可以简单地将自己置身事外。分娩的过程中，准爸爸可以直面妻子最脆弱的一面，切身感受到对方的痛苦和付出，相信感悟会比平常要多得多。而产妇在这样的时刻受到来自丈夫的鼓励，心情自然是不一样的。这对二人的感情来说绝对是一次升华。

3）陪产能够增强准爸爸作为丈夫的责任意识。孩子的第一声啼哭标志着男人在身份上的升级，从丈夫到爸爸，不仅仅是称呼上的改变，还意味着要担起更多的责任。目睹了妻子分娩的艰辛、经历了宝宝的出生，男人对家庭的概念一定会有更深层次的认识，责任感会变得更强。

4）方便准爸爸及时记录下孩子出生的那一刻。新生命的诞生是一件非常有意义的事情。准爸爸在产房中可以及时记录下孩子降临的一瞬间，也可以录上自己的感受和祝福。对刚刚经历了一场"鏖战"的妻子和初到人世的宝宝来说，这是一份很有意义的礼物。

（2）准爸爸陪产有如下弊端：

1）意志不坚定的准爸爸随时可能会崩溃。自然分娩的过程可能出现很多未知的情况，产妇也许会有激烈的尖叫、大小便失禁、出血不止等症状。虽然在进产房前大多数准爸爸都会有所心理准备，但是很少有人能在里面还保持绝对淡定。意志不够坚定的可能就当场崩溃了，不仅不能帮助产妇缓解不良情绪，反而使自己的状态变得糟糕。

2）部分产妇在丈夫的陪伴下分娩可能会表现得更加脆弱。有的产妇在独自面对医生和护士时会比较配合，然而丈夫的出现却可能使她们爆发出最脆弱的情感，之前的坚强被娇柔取代，生产的过程将变得不那么顺畅。不过，这种情况的出现是无法预料的，也就是说，想要做到有针对性的避免比较有难度。

3）产后夫妻间情趣也许会受到影响。不少男性，可能终生难忘分娩这一惊心动魄的过程，甚至在之后不断地回忆起婴儿被排出产道的场景。这种直白的回忆大大降低了妻子的吸引力，一种异样的感觉会阻碍两人之间的情趣，严重的还可能影响到夫妻感情。

4）准备不足的准爸爸会给医生忙中添乱。陪产之前，需要做足一系列的准备工作，意识比较差的准爸爸就这么匆匆忙忙地进产房，不给医生添乱已是万幸。最重要的是，不少男性对无菌操作缺乏充分的认识，可能使得产妇在分娩过程中受到感染，造成无法预知的后果。

**3. 准爸爸陪产前需要做的准备**

（1）与医生（最好是主治医生）进行必要的沟通。全面了解自然分娩的相关知识和具体过程，预测可能遇上的各种状况，打消自己的恐惧。只有准爸爸的心理素质过硬，才能很好地完成陪产的使命，在产妇分娩时发挥真正的作用。

（2）参加与陪产有关的培训，掌握帮助产妇的技巧。虽然自然分娩不是手术，却比有的手术进行得还艰难。准爸爸们提前学习陪产方面的知识和技能，就算做得不好，也不至于到时候给医生添乱。

（3）了解产妇关于生宝宝的想法，记录下来，在分娩到来时尽量按产妇的想法去执行。不过，在此同时各位也要准备好多个方案。作为陪产人，准爸爸要随时判断正在执行的计划是否可行，不可行的话要及时用后备方案替换。没有任何准备就进产房的做法是对妻子和宝宝的不负责任。

（4）准备好产妇东西的同时也准备好自己的，比如干净舒适的衣服、合脚的鞋子、喜爱的食物等。

（5）确认自己的身体状况和能力。准爸爸要明确自己适不适合进产房，如果确有不适千万不要勉强自己。准爸爸要知道自己能做什么、该做些什么，发挥陪产的真正效用。

**4. 陪产时要做些什么**

（1）站在合适的位置，在言语上鼓励产妇，告诉她们分娩的进程，并指导其用力。语言鼓励是产程中最为行之有效的安抚工作，准爸爸要经常说一些积极性的话语来暗示和鼓励产妇，比如"还差一点就出来了！""我已经看到宝宝的头了，加油，加油！"等。

一般来说准爸爸站在产妇的左侧比较好，这样既不会妨碍医生和护士的工作，又能看清楚生产的情况。产妇在产床上精疲力竭，如果医生问到一些关键性的问题，由丈夫代为回答比较节省时间。

（2）坚持给产妇按摩。即使是很小范围的按摩，也能从心理上减轻产妇的疼痛感，安抚其情绪。

（3）随时给产妇补充水分。分娩过程中体力消耗非常大，水分流失比较严重。在生产间隙，准爸爸可以用棉签沾上水，涂在产妇的嘴唇上，适当补充一些水分。

（3）不断提醒产妇坚持正确的呼吸方式。有的产妇可能在产前学习的时候还能记住怎么呼吸，分娩时因为紧张或疼痛就把学的东西忘了个一干二净，此时准爸爸就要时刻提醒产妇注意呼吸，可以自己做出这种呼吸方式让产妇模仿，并提醒她切勿用力过猛。

（4）适当忽略产妇的情绪波动。生孩子的时候，产妇可能前一秒还招呼准爸爸给她按摩按摩，后一秒就凶凶地拒绝。这时候，准爸爸不要在意产妇的情绪波动，也不要在意她们的拒绝，只要是对大人和小孩好的事情就可以去做。分娩的过程中，产妇承受着无法想象的剧痛，有情绪的反复或者暴躁等等是很正常的，千万不要在这种时刻计较不该计较的东西。

### 5. 哪些准爸爸不宜进产房

在产房里陪产不同于一般的探病，对于准爸爸来说绝对是个相当大的考验。产床上的情况变化莫测，关系着一大一小两个人的性命，容不得一丝的马虎。如果陪产的人在产房里出了状况，会给医生和护士增添很多不必要的麻烦，会耽误产妇的分娩。所以，准爸爸请先确定自己是否属于以下两种情况：① 心理素质差者。② 有晕血症、严重的心脏病及高血压等疾病者。

建议属于上述两种情况的准爸爸不要勉强自己，要对自己和家人负责。在产房外等待新生命的降临也是不错的选择。

# 月子护理

## ▶ 一、新妈妈催乳

母婴护理中心为新妈妈提供专业的乳房护理，提供催乳膳汤、穴位按摩、乳房催乳仪催乳等专业服务，使新妈妈乳汁分泌充足，解决新妈妈的后顾之忧，让每位宝宝都健康成长。

## ▶ 二、新生儿洗澡

母婴护理中心新生儿洗澡间为每位新生儿开放。新生儿洗澡时，严格消毒，做到"一人一水一消毒"，全面呵护新生儿健康。

## ▶ 三、产后恢复

运用国际产后康复标准和产后康复技术，通过产后恢复体操、产后瑜伽、产后减肥、产后子宫恢复，从而尽可能使身体恢复到产前状态。

## ▶ 四、心理咨询

由国家注册心理咨询师针对女性产后焦虑、抑郁、失眠、恐惧、强迫症等，采用深度催眠、NLP疗法、认知行为疗法、精神分析疗法等行之有效地接触新妈妈心理问题。

# 参考文献

[1] 伯树令，应大君. 系统解剖学 [M]. 8版. 北京：人民出版社，2013.

[2] 崔焱. 儿科护理学 [M]. 5版. 北京：人民卫生出版社，2012.

[3] 李映兰. 护理心理学 [M]. 北京：人民卫生出版社，2003.

[4] 刘树伟，李瑞锡. 局部解剖学 [M]. 8版. 北京：人民出版社，2013.

[5] 马飞. 保健宝典 [M]. 青岛：青岛出版社，2009.

[6] 潘海英. 妈知多少 [M]. 新世界出版社，2012.

[7] 威廉希尔斯，玛莎希尔斯. 西尔斯怀孕百科 [M]. 海口：南海出版
公司，2009.

[8] 谢幸，苟文丽. 妇产科学 [M]. 8版. 北京：人民出版社，2013.

[9] 于松. 妈孕期全程800问 [M]. 北京：人民邮电出版社，2012.

[10] 董启琴. 新生儿护理中存在的问题与对策 [J]. 医学信息（中旬
刊），2011，（06）：89-90.

[11] 王文琴. 新生儿护理体会[J]. 临床合理用药杂志，2011，（21）：
57-59.

[12] 王亚波，胡建儿. 护理干预在新生儿黄疸蓝光照射治疗中的应用
效果 [J]. 中国现代医生，2012，50（11）：117-132.

[13] 99健康网. 怀胎十月胎儿发育过图[EB/OL]. （2014-03-20）
[2017-06-01] http://www.99.com.cn/taierfayuguochengtu/100.html.

[14] 妈妈宝贝网. 产前要做好哪些准备 [EB/OL].（2017-05-07）
[2017-06-01] http：//www.onlybluebuff.com/24/2017050761028.html.

[15] 久久健康网. 哺乳期患乳腺炎喂奶须谨慎 [EB/OL].（2016-03-09）
[2017-06-01] http：//jb.9939.com/article/2016/0309/665564.shtml.

[16] 亲宝网. 母乳喂养8大难题公开 [EB/OL].（2010-09-19）
[2017-06-01] http：//www.qqbaobao.com/yingerjieduan/yingyang
/71992-3.html.

[17] 亲子网. 产前趣事之待产包咋准备 [EB/OL].（2015-02-18）
[2017-06-01] http：//baike.pcbaby.com.cn/qzbd/1602.html#ldjc4ta=
baby-tbody2.